工程安全技术丛书

建筑工程施工安全技术

王云江　主编

中国建筑工业出版社

图书在版编目（CIP）数据

建筑工程施工安全技术/王云江主编．—北京：中国建筑
工业出版社，2014.12
（工程安全技术丛书）
ISBN 978-7-112-17293-1

Ⅰ.①建…　Ⅱ.①王…　Ⅲ.①建筑工程—工程施工—安全
技术　Ⅳ.①TU714

中国版本图书馆 CIP 数据核字（2014）第 222934 号

　　本书主要内容包括：安全生产管理，建筑工程安全相关法律、法规，生产安全
事故管理，施工准备工作中的安全要点，基础工程施工安全技术，模板工程施工安
全技术，脚手架工程施工安全技术，高处作业安全技术，建筑起重机械及吊装作业
安全技术，建筑机械、施工机具安全技术，建筑拆除工程施工安全技术，施工用电
安全技术，特殊工种人员安全管理，季节、夜间和防台风施工安全措施，施工现场
防火安全管理，现场急救安全知识，施工现场环境卫生和文明施工。

　　本书可供建筑工程专职安全生产管理人员（安全员）、刚参加工作的大中专学
生使用，亦可作为相关专业院校师生的教学用书。

＊　　＊　　＊

责任编辑：王　磊　田启铭
责任设计：董建平
责任校对：姜小莲　关　健

工程安全技术丛书

建筑工程施工安全技术

王云江　主编

＊

中国建筑工业出版社出版、发行（北京西郊百万庄）

各地新华书店、建筑书店经销

北京永峥有限责任公司制版

北京富生 印刷厂印刷

＊

开本：787×1092 毫米　1/16　印张：13¼　字数：313 千字

2015 年 1 月第一版　　2015 年 1 月第一次印刷

定价：42.00 元

ISBN 978-7-112-17293-1

（26078）

本书编委会

主　　编：王云江

副 主 编：丛福祥　陈孙贵　陈景军

参编人员：（按姓氏笔画排列）

王　俊　王水根　元文新　毛建光

朱秀才　杨　帆　余　雯　陈哲敏

桂智奇　倪松林　章荣芳　蒋忠定

缪　波

前　　言

　　"安全第一，预防为主，综合治理"是我国的安全管理方针。"安全第一"体现了以人为本的重要思想，把人身安全放在第一位。"预防为主"是事前做好安全工作，防患于未然。"综合治理"是保证"安全第一，预防为主"的安全管理目的实现的重要手段。《建筑工程施工安全技术》一书体现了这一方针的重要思想。

　　安全是人类最重要和最基本的需求，安全生产既是人们生命健康的保证，也是企业生存与发展的基础，抓好安全工作是保证建筑工程施工质量、施工工期和发挥投资效益的基础。

　　建筑安全人员必须牢固树立"安全第一，预防为主，综合治理"的思想，并始终贯穿于工程项目施工的全过程。

　　本书根据国家颁布的安全生产法律法规、标准规范以及建筑施工安全技术，重点简明阐述建筑施工现场常用的安全生产技术和安全生产管理知识。全书内容丰富、系统完整、具有实用性和可操作性。

　　本书在编写过程中得到了鲲鹏建设集团有限公司、龙晟建设有限公司、浙江鸿安建设有限公司、鼎泰建设有限公司支持和帮助，谨此表示感谢！

　　限于水平，书中难免有疏漏和不妥之处，敬请读者不吝指正。

目　　录

1 安全生产管理 ……………………………………………………………… 1

　1.1 安全管理 ……………………………………………………………… 1

　1.2 施工现场安全员职责 ………………………………………………… 5

　1.3 安全教育 ……………………………………………………………… 8

　1.4 施工组织设计中的安全技术措施 …………………………………… 10

　1.5 施工现场安全基本要求 ……………………………………………… 12

2 建筑工程安全相关法律、法规 ………………………………………… 17

　2.1 《劳动法》、《建筑法》有关规定 …………………………………… 17

　2.2 《中华人民共和国安全生产法》有关规定 ………………………… 19

　2.3 《安全生产许可证条例》有关规定 ………………………………… 28

　2.4 《建设工程安全生产管理条例》有关规定 ………………………… 31

　2.5 《生产安全事故报告和调查处理条例》有关规定 ………………… 35

3 生产安全事故管理 ……………………………………………………… 42

　3.1 生产安全事故的分类 ………………………………………………… 42

　3.2 伤亡事故原因 ………………………………………………………… 42

　3.3 预防事故的措施 ……………………………………………………… 43

　3.4 伤亡事故处理程序 …………………………………………………… 43

　3.5 事故现场的保护 ……………………………………………………… 44

　3.6 生产安全事故报告 …………………………………………………… 44

　3.7 事故发生单位及有关人员的法律责任 ……………………………… 44

4 施工准备工作中的安全要点 …………………………………………… 46

　4.1 施工现场的安全要点 ………………………………………………… 46

　4.2 场内交通及水电设施的安全要点 …………………………………… 53

　4.3 施工机械的安全要点 ………………………………………………… 55

5 基础工程施工安全技术 ………………………………………………… 57

　5.1 桩基工程施工 ………………………………………………………… 57

　5.2 基坑支护 ……………………………………………………………… 59

　5.3 基坑工程土方开挖 …………………………………………………… 61

　5.4 基坑降水的一般原则 ………………………………………………… 67

5.5 基础施工的其他安全问题 ……………………………………… 67

5.6 顶管法施工的注意事项 ………………………………………… 68

5.7 盾构施工的注意事项 …………………………………………… 69

6 模板工程施工安全技术 …………………………………………… 71

6.1 模板的材质要求 ………………………………………………… 71

6.2 模板的安装 ……………………………………………………… 72

6.3 模板的拆除 ……………………………………………………… 77

7 脚手架工程施工安全技术 ………………………………………… 80

7.1 木脚手架 ………………………………………………………… 80

7.2 扣件式钢管脚手架 ……………………………………………… 82

7.3 门式钢管脚手架 ………………………………………………… 91

7.4 碗扣式钢管脚手架 ……………………………………………… 96

7.5 挑脚手架、挂脚手架、吊脚手架 ……………………………… 96

7.6 附着升降脚手架 ………………………………………………… 99

8 高处作业安全技术 ………………………………………………… 102

8.1 高处作业安全的基本要求 ……………………………………… 102

8.2 临边防护栏杆的搭设要求 ……………………………………… 102

8.3 洞口高处作业 …………………………………………………… 103

8.4 攀登作业 ………………………………………………………… 104

8.5 悬空作业 ………………………………………………………… 105

8.6 移动式操作平台作业 …………………………………………… 106

8.7 交叉作业 ………………………………………………………… 106

8.8 安全帽、安全网、安全带 ……………………………………… 107

9 建筑起重机械及吊装作业安全技术 ……………………………… 110

9.1 塔式起重机的安装与拆卸 ……………………………………… 110

9.2 施工升降机作业安全技术 ……………………………………… 112

9.3 物料提升机作业安全技术 ……………………………………… 113

9.4 起重吊装作业安全技术 ………………………………………… 117

10 建筑机械、施工机具安全技术 ………………………………… 122

10.1 土方机械 ……………………………………………………… 122

10.2 桩工机械 ……………………………………………………… 123

10.3 混凝土机械 …………………………………………………… 124

10.4 钢筋机械 ……………………………………………………… 126

10.5 木工机械 ……………………………………………………… 128

10.6　水工机械（潜水泵）……………………………………… 130

10.7　电焊机具 ……………………………………………………… 130

10.8　气瓶 …………………………………………………………… 132

10.9　手持电动工具 ………………………………………………… 134

11　建筑拆除工程施工安全技术 ………………………………… 137

11.1　施工组织设计 ………………………………………………… 137

11.2　人工拆除 ……………………………………………………… 138

11.3　机械拆除 ……………………………………………………… 140

12　施工用电安全技术 …………………………………………… 142

12.1　施工现场临时用电施工组织设计 …………………………… 142

12.2　接地与防雷 …………………………………………………… 142

12.3　架空电缆线路安全要求 ……………………………………… 144

12.4　配电箱及开关箱 ……………………………………………… 145

12.5　现场照明 ……………………………………………………… 148

13　特殊工种人员安全管理 ……………………………………… 150

13.1　电工 …………………………………………………………… 150

13.2　焊工 …………………………………………………………… 152

13.3　架子工 ………………………………………………………… 158

13.4　爆破工 ………………………………………………………… 159

13.5　起重工 ………………………………………………………… 163

13.6　井点工 ………………………………………………………… 166

14　季节、夜间及防台风施工安全措施 ………………………… 167

14.1　季节安全施工措施 …………………………………………… 167

14.2　夜间安全施工措施 …………………………………………… 168

14.3　防台风安全措施 ……………………………………………… 168

15　施工现场防火安全管理 ……………………………………… 170

15.1　动火作业 ……………………………………………………… 170

15.2　施工现场的防火安全要求 …………………………………… 171

15.3　重点部位、重点工种的防火要求 …………………………… 171

15.4　特殊施工场所的防火要求 …………………………………… 177

15.5　雨季和夏季施工的防火要求 ………………………………… 178

15.6　施工现场灭火 ………………………………………………… 179

16　现场急救安全知识 …………………………………………… 182

16.1　现场急救步骤 ………………………………………………… 182

16.2　触电 ··· 182

16.3　坠落 ··· 184

16.4　中毒 ··· 186

16.5　其他 ··· 187

17　施工现场环境卫生和文明施工 ··················· 192

17.1　文明施工管理 ································· 192

17.2　施工现场的环境保护 ··················· 194

17.3　施工现场的环境卫生 ··················· 196

17.4　施工现场的治安保卫 ··················· 201

参考文献 ··· 202

1 安全生产管理

1.1 安全管理

1.1.1 安全的内容与主要控制措施

安全包括人身安全、健康和财产安全。

安全法规、安全技术和工业卫生是安全控制的三大主要措施。职业安全健康方针、组织、计划与实施评价、改进是职业安全健康管理体系的核心要素，要坚持持续改进。该体系是实现安全目标的基本保证。

安全法规又称为劳动保护法规，是采用立法的手段制定保护职工安全的政策、规程、条例、制度。

安全技术指在施工过程中为防止和消除伤亡事故或减轻繁重劳动所采取的措施。

工业卫生是在施工过程中为防止高温、严寒、粉尘、噪声、振动、毒气、废液、污染等对劳动者身体健康的危害采取的防护和医疗措施。

上述三大措施与控制对象和控制内容的关系是：安全法规侧重于对劳动者的管理，约束劳动者的不安全行为，因此，其主要控制内容是：安全生产责任制，安全教育，安全事故的调查与处理。安全技术侧重于劳动对象和劳动手段的管理，消除、减弱物的不安全状态，其主要控制内容是安全检查和安全技术管理。工业卫生侧重于环境的管理，以形成良好的劳动条件，主要控制内容也是安全检查和安全技术管理。

上述的控制对象（人、物和环境），构成了安全施工体系。安全控制管人、管物、管环境。

1.1.2 质量、进度、成本与安全的关系

土木工程施工的质量、进度、成本与安全是密切相关、互相制约又相辅相成并有机地联系在一起的系统工程的关键要素。

必须明确：施工项目的质量与安全是工程建设的核心，是决定工程建设成败的关键。"生产必须安全，安全为了生产"。"安全第一"与"质量第一"并不矛盾，而是辩证的统一。安全是为质量服务的，质量亦需要以安全做保证，安全也是质量的特点之一，抓住安全与质量这两个环节，工程施工就能顺利进行，就能获得良好的社会效益、经济效益和环境效益。施工进度的实现，必须以安全为保证，这是显而易见的，为实现施工进度而不断发生安全事故，施工进度当然无法实现。投资和成本与安全亦是息息相关，如果施工中经常出安全事故，则进度、质量均受影响，投资效益受损，成本就要增加。

总之，安全生产是党和国家的一贯方针和基本国策，它保护劳动者的安全和健康及国家财产不受侵害，使工程建设顺利进行，它是促进社会生产力发展的基本条件。

1.1.3 安全生产的基本原则与要求

基本原则是："安全第一，预防为主"和坚持"管生产必须管安全"的原则。

基本要求是：在施工中要以安全生产为方针，以"安全第一，预防为主"和坚持"管生产必须管安全"为基本原则。依靠科学管理和技术进步，推动安全生产工作的开展，控制人身伤亡事故的发生，保障国家财产的安全。以国家颁布的各项政策和安全法规、规程，例如《安全生产法》、《建筑安全生产监督管理规定》、《公路工程施工安全技术规程》、《铁路施工安全技术规则》及其他相关的标准、规范等为依据，结合工程的实际情况建立和健全安全健康管理体系，制定各项可操作性且行之有效的规章制度，以确保施工顺利进行和生产安全。

1.1.4 安全检查

安全检查是发现不安全行为和不安全状态的重要途径，是消除事故隐患、落实整改措施、防止事故发生、改善劳动条件的重要方法。

安全检查的形式有普遍检查、专业检查和季节性检查。

1. 安全检查的内容

安全检查的内容主要是查思想、查管理、查制度、查现场、查隐患、查事故处理。

（1）施工项目的安全检查以自检形式为主，是对从项目经理至操作人员、生产全部过程、各个方位的全面安全状况的检查。检查的重点以劳动条件、生产设备、现场管理、安全卫生设施以及生产人员的行为为主。发现危及人的安全因素时，必须果断地消除。

（2）各级生产组织者，应在全面安全检查中，透过作业环境状态和隐患，对照安全生产方针、政策，检查对安全生产认识的差距。

（3）对安全管理的检查，主要是：

1）安全生产是否提到议事日程上，各级安全责任人是否坚持"五同时"。

2）业务职能部门、人员，是否在各自业务范围内，落实了安全生产责任。专职安全人员是否在位、在岗。

3）安全教育是否落实，教育是否到位。

4）工程技术、安全技术是否结合为统一体。

5）作业标准化实施情况。

6）安全控制措施是否有力，控制是否到位，有哪些消除管理差距的措施。

7）事故处理是否符合规则，是否坚持"四不放过"的原则。

2. 安全检查的组织

（1）建立安全检查制度、按制度要求的规模、时间、原则、处理、报告全面落实。

（2）成立由第一责任人为首，业务部门、人员参加的安全检查组织。

（3）安全检查必须做到有计划，有目的，有准备，有整改，有总结，有处理。

3. 安全检查的准备

（1）思想准备。发动全员开展自检，自检与制度检查结合，形成自检自改，边检边改的局面。使全员在发现危险因素方面得到提高，在消除危险因素中受到教育，从安全检查中受到锻炼。

（2）业务准备。确定安全检查目的、步骤、方法，成立检查组，安排检查日程。分析事故资料，确定检查重点，把精力侧重于事故多发部位和工种的检查。规范检查记录用表，使安全检查逐步纳入科学化、规范化轨道。

4. 安全检查的方法

常用的有一般检查方法和安全检查表法

（1）一般方法。常采用看、听、嗅、问、测、验、析等方法。

看：看现场环境和作业条件，看实物和实际操作，看记录和资料等。

听：听汇报、听介绍、听反映、听意见或批评、听机械设备的运转响声或承重物发出的微弱声等。

嗅：对挥发物、腐蚀物、有毒气体进行辨别。

问：对影响安全问题，详细询问、寻根究底。

查：查明问题、查对数据、查清原因，追查责任。

测：测量、测试、监测。

验：进行必要的试验或化验。

析：分析安全事故的隐患、原因。

（2）安全检查表。是一种初步的定性分析方法，它通过事先拟定的安全检查明细表或清单，对安全生产进行初步的诊断和控制。

安全检查表通常包括检查项目、内容、回答问题、存在问题、改进措施、检查措施、检查人等内容。

5. 安全检查的形式

（1）定期安全检查。指列入安全管理活动计划，有较一致时间间隔的安全检查，定期安全检查的周期，施工项目自检宜控制在 10～15 天。班组必须坚持日检；季节性、专业性安全检查，按规定要求确定日程。

（2）突击性安全检查。指无固定检查周期，对特别部门、特殊设备、小区域的安全检查，属于突击性安全检查。

（3）特殊检查。对预料中可能会带来新的危险因素的新安装的设备、新采用的工艺、新建或改建的工程项目，投入使用前，以"发现"危险因素为专题的安全检查，叫特殊安全检查。特殊安全检查还包括，对有特殊安全要求的手持电动工具，电气、照明设备，通风设备，有毒有害物的储运设备进行的安全检查。

6. 消除危险因素的关键

安全检查的目的是发现、处理、消除危险因素，避免事故发生，实现安全生产。消除危险因素的关键环节，在于认真地整改，真正地、确确实实地把危险因素消除。对于一些由于种种原因而一时不能消除的危险因素，应逐项分析，寻求解决办法，安排整改计划，尽快予以消除。

安全检查后的整改，必须坚持"三定"和"不推不拖"，不使危险因素长期存在而危及人的安全的原则。

"三定"指的是对检查后发现的危险因素的消除态度。"三定"即定具体整改责任人，定解决与改正的具体措施，定消除危险因素的整改时间。在解决具体的危险因素时，凡借用自己的力量能够解决的，不推脱、不等不靠，坚决地组织整改；自己解决有困难时，应积极主动寻找解决的办法，争取外界支援以尽快整改。不把整改的责任推给上级，也不拖延整改时间，以尽量快的速度，把危险因素消除。

1.1.5 作业标准化

在操作者产生的不安全行为中，不懂得正确的操作方法，为了干得快些而省略了必要的操作步骤，坚持自己的操作习惯等原因所占比例很大。按科学的作业标准规范人的行为，有利于控制人的不安全行为，减少人为失误。

1. 制定作业标准是实施作业标准化的首要条件。

（1）采取技术人员、管理人员、操作者三结合的方式，根据操作的具体条件制定作业标准。坚持反复实践、反复修订后加以确定的原则。

（2）作业标准要明确规定操作程序、步骤。怎样操作、操作质量标准、操作的阶段目的、完成操作后物的状态等都要做出具体规定。

（3）尽量使操作简单化、专业化，尽量减少使用工具、夹具次数，使作业尽量标准化，减轻操作者的精神负担。

（4）作业标准必须符合生产和作业环境的实际情况，不能把作业标准通用化。不同作业条件的作业标准应有所区别。

2. 作业标准必须考虑到人的身体运动特点和规律，作业场地布置、使用工具设备、操作幅度等应符合人机学的要求。

（1）人的身体运动时，尽量避开不自然的姿势和重心的经常移动，动作要有连贯性、自然节奏强。如不出现运动方向的急剧变化；动作不受限制；尽量减少用手和眼的操作次数；肢体动作尽量小。

（2）作业场地布置必须考虑行进道路、照明、通风的合理分配，机、料具位置固定，作业方便。要求：

1）人力移动物体尽量限于水平移动。

2）把机械的操作部分安排在正常操作范围之内，防止增加操作者的精神和体力的负担。

3）尽量利用重力作用移动物体。

4）操作台、座椅的高度应与操作要求、人的身体条件匹配。

（3）使用工具与设备

1）尽可能使用专用工具代替徒手操作。

2）操纵操作杆或手把时，尽量使人身体不必过大移动，与手的接触面积以适合手握时的自然状态为宜。

3. 反复训练，达标报告。

（1）训练要讲求方法和程序，宜以讲解示范为先，符合重点突出、交代透彻的要求。

（2）边训练边作业，巡检纠正偏向。

（3）先达标、先评价、先报告，不强求一致。多次纠正偏向，仍不能克服习惯操作、操作不标准的，不得上岗。

1.1.6 生产技术与安全技术的统一

生产技术工作是通过完善生产工艺过程、完备生产设备、规范工艺操作、发挥技术的作用来保证生产顺利进行的。它包含了安全技术在保证生产顺利时进行的全部职能和作用。两者的实施目标虽各有侧重，但工作目的完全统一在保证生产顺利进行、实现效益这一共同的基点上。生产技术、安全技术统一，是安全生产责任制的具体体现，落实了"管生产同时管安全"的管理原则。具体表现在：

1. 施工生产进行之前，考虑产品的特点、规模、质量、生产环境、自然条件等，摸清生产人员流动规律、能源供给状况、机械设备的配置条件、需要的临时设施规模、物料供应与储放运输等条件，完成生产要素的合理匹配计算及施工设计和现场布置。

施工设计和现场布置，经过审查、批准，即成为施工现场中生产要素流动与动态控制的唯一依据。

2. 施工项目中的分部、分项工程在施工前应针对工程具体情况与生产要素的流动特点完成作业或操作方案，为分部、分项工程的实施提供具体的作业或操作规范。方案完成后，为使操作人员充分理解方案的全部内容、减少实际操作中的失误、避免操作时的事故伤害，要把方案的设计思想、内容与要求向作业人员进行充分的交底。

交底既是安全知识教育的过程，同时也确定了安全技能训练的时机和目标。

3. 从控制人的不安全行为、物的不安全状态预防伤害事故及保证生产工艺过程顺利实施去认识，生产技术工作中应纳入如下的安全管理职责：

（1）进行安全知识、安全技能的教育，规范人的行为，使操作者获得完善的、自动化的操作行为，减少操作中的人为失误。

（2）参加安全检查和事故调查，从中充分了解生产过程中物的不安全状态存在的环节和部位、发生与发展、危害性质与程度、摸索控制物的不安全状态的规律和方法，提高对物的不安全状态的控制能力。

（3）严把设备、设施用前验收关，不使有危险状态的设备、设施盲目投入运行，预防人、机运动轨迹交叉而发生的伤害事故。

1.2 施工现场安全员职责

1.2.1 基本要求

（1）建筑工程施工现场安全员应具有中等职业（高中）教育及以上学历，并具有一定的实际工作经验，身心健康。

（2）具有必要的表达、计算、计算机应用能力。

（3）具有社会责任感和良好的职业操守，诚实可信，严谨务实，爱岗敬业，团结协作；自觉遵守相关法律法规、标准和管理规定。

（4）树立"生命至上、安全第一、预防为主、综合治理"的安全管理理念，坚持安全生产、文明施工；具有节约资源、保护环境的意识。

（5）具有不断学习新知识、掌握新技能等思想和精神。

1.2.2　安全员的主要职责

1. 项目安全策划

（1）参与制定施工项目安全生产管理计划。

施工项目安全生产管理计划应由施工单位组织编制，具体由项目经理负责，安全员参与。施工项目安全生产管理计划包括安全控制目标、控制程序、组织结构、职责权限、规章制度、资源配置、安全措施、检查评价和奖惩制度以及对分包的安全管理；复杂或专业性项目的总体安全措施、单位工程安全措施及分部分项工程安全措施；非常规作业的单项安全技术措施和预防措施等。

（2）参与建立安全生产责任制度。

安全生产责任制度应由施工单位组织编制，具体由项目经理负责，安全员参与。

（3）参与制定施工现场安全事故应急救援预案。

施工现场安全事故应急救援预案，应包括建立应急救援组织，配备必要的应急救援器材、设备，其编制由施工单位组织，项目经理负责，安全员应参与。

2. 资源环境安全检查

（1）参与开工前安全条件检查。

开工前安全条件审查是建设行政主管部门负责的工作，现场监理人员和现场安全员主要参与现场安全防护、消防、围挡、职工生活设施、施工材料、施工机具、施工设备安装、作业人员许可证、作业人员保险手续、项目安全教育计划、现场地下管线资料、文明施工设施等项目的检查。

（2）参与施工机械、临时用电、消防设施等的安全检查。

（3）负责防护用品和劳动用品的符合性审查。

施工防护用品和劳保用品的符合性审查是指对于施工防护用品和劳保用品的安全性能是否达到或符合施工安全要求的检查与审验。

（4）负责作业人员的安全教育培训和特种作业人员资格审查。

3. 作业安全管理

（1）参与编制危险性较大的分部、分项工程专项施工方案。

在作业安全管理中，危险性较大的分部、分项工程专项施工方案由总承包单位或专业承包单位组织编制；因方案涉及施工安全保证措施，安全员一般应参与专项施工方案的编制与审核。

（2）参与施工安全技术交底。

安全技术交底是由项目技术负责人负责实施。安全技术交底必须包括安全技术、安全程序、施工工艺和工种操作等方面内容，交底对象为项目部相关管理人员和施工作业班组长等。对施工作业班组的安全技术交底工作应由施工员负责实施，安全员协助、参与。

（3）负责施工作业安全及消防安全的检查和危险源的识别，对违章作业和安全隐患进行处理。

施工作业安全和消防检查包括日常作业安全检查、季节性安全检查、专项安全检查等，检查内容按《建筑施工安全检查标准》JGJ 59 和《建设工程施工现场消防安全技术规范》GB 50720 的要求执行。

（4）参与施工现场环境监督管理。

施工现场环境监督管理是施工生产管理的重要环节，由项目经理负责，主要目标是保持现场良好的作业环境、卫生条件和工作秩序，做到污染预防，并预防可能出现的安全隐患，确保项目文明施工；有效实施现场管理，保护地下管线、发现文物古迹或爆炸物时及时报告，切实控制污水、废气、噪声、固体废弃物、建筑垃圾和渣土，正确处理有毒有害物质。这一工作中，安全员参与涉及安全施工和环境安全的工作，包括污染预防，报告发现的爆炸物，控制污水、废气和噪声，处理有毒有害物质等。同时，对项目现场，尚应按照《环境管理体系 要求及使用指南》GB/T 24001 的要求，建立并持续改进环境管理体系，以促进安全生产、文明施工并防止污染环境。

4. 安全事故处理

（1）参与组织安全事故应急救援演练，参与组织安全事故救援。

安全生产事故应急救援演练是项目部根据项目应急救援预案进行的定期专项应急演练，具体由项目经理负责。安全员监督演练的定期实施、协助演练的组织工作。当安全生产事故发生后，项目经理负责组织、指挥救援工作，安全员参与组织救援。

（2）参与安全事故的调查、分析。

安全生产事故发生后，施工单位要及时向上级和相关部门如实报告，同时积极采取措施进行抢救、防止事故扩大、保护事故现场。安全生产事故主要由政府组织调查，项目部的职责主要是协助调查，因此安全员的职责就是协助调查人员对安全事故的调查、分析。

5. 安全资料管理

（1）负责安全生产的记录、安全资料的编制。

（2）负责安全资料汇总、整理、移交工作。

1.2.3 安全员应具备的专业技能

1. 项目安全策划

（1）能够参与编制项目安全生产管理计划。

（2）能够参与编制安全事故应急救援预案。

2. 资源环境安全检查

（1）能够参与对施工机械、临时用电、消防设施进行安全检查，对防护用品与劳动用品进行符合性审查。

（2）能够组织实施项目作业人员的安全教育培训。

3．作业安全管理

（1）能够参与编制安全专项施工方案。

（2）能够参与编制安全技术交底文件，实施安全技术交底。

（3）能够识别施工现场危险源，并对安全隐患和违章作业提出处置建议。

（4）能够参与项目文明工地、绿色施工管理。

4．安全事故处理

能够参与安全事故的救援处理、调查分析。

5．安全资料管理

能够编制、收集、整理施工安全文字和影像资料。

1.2.4　安全员应具备的专业知识

1．通用知识

（1）熟悉国家工程建设相关法律法规。

（2）熟悉工程材料的基本知识。

（3）熟悉施工图识读的基本知识。

（4）了解工程施工工艺和方法。

（5）熟悉工程项目管理的基本知识。

2．基础知识

（1）了解建筑工程识图、结构力学和施工测量的基本知识。

（2）熟悉建筑物和构筑物的基本知识。

（3）掌握环境与职业健康管理的基本知识。

3．岗位知识

（1）熟悉与本岗位相关的标准和管理规定。

（2）掌握施工现场安全管理知识。

（3）熟悉施工项目安全生产管理计划的内容和编制方法。

（4）熟悉安全专项施工方案的内容和编制方法。

（5）掌握施工现场安全事故的防范知识。

（6）掌握安全事故救援处理知识。

1.3　安　全　教　育

1.3.1　作业人员应接受的安全教育

作业人员应接受的安全教育包括：

（1）安全生产思想教育；

（2）安全知识培训教育；

（3）安全技能培训教育；

（4）典型事故案例教育。

1.3.2 对从业人员的安全教育

作业人员进入新的岗位或者新的施工现场前，以及采用新技术、新工艺、新设备、新材料时，施工单位应当对作业人员进行安全教育。未经安全教育或者安全教育考核不合格的人员，不得上岗作业。

1. 对新工人实行"三级"安全教育

新工人包括新招收的合同工、临时工、学徒工、实习生和代培人员。所谓"三级"，一般是指公司、项目部（或工程处、工区）、班组这三级。公司教育即新工人到公司后由安全技术部门进行安全知识教育后分配到项目部；项目部教育由项目经理或主管安全的负责人负责，再分配到班组；班组教育由班组长或班组安全员负责，进行实际操作安全技术教育。安全教育的主要内容包括：

（1）安全生产的重要意义，国家有关安全生产的法律法规；

（2）施工现场的特点及危险因素；

（3）施工单位的有关规章制度，安全技术操作规程；

（4）机械设备和电器设备安装及高处作业的安全基础知识；

（5）防火、防毒、防尘、防爆知识以及紧急情况安全处置和安全疏散知识；

（6）防护用品的使用知识；

（7）发生生产安全事故时自救、排险、抢救伤员、保护现场和及时报告等；

（8）对转场的职工进行安全教育培训。

2. 安全教育的要求

施工单位对作业人员进行安全教育后要进行考核，并对教育情况进行登记，建立档案。给每一名作业人员建立劳动保护教育卡，记录三级教育、变换工种教育等教育考核情况，并由教育者和受教育者双方签字后入册。

1.3.3 对特种作业人员的培训

建筑施工特种作业人员是指在房屋建筑和市政工程施工活动中，从事可能对本人、他人及周围设备设施的安全造成重大危害作业的人员。

1. 建筑施工特种作业人员的分类

（1）建筑电工；

（2）建筑架子工；

（3）建筑起重信号司索工；

（4）建筑起重机械司机；

（5）建筑起重机械安装拆卸工；

（6）高处作业吊篮安装拆卸工；

（7）经省级以上人民政府建设主管部门认定的其他特种作业。

2. 建筑施工特种作业人员的考核

（1）申请从事建筑施工特种作业的人员，应当具备下列基本条件：

1）年满18周岁且符合相关工种规定的年龄要求；

2）经医院体检合格且无妨碍从事相应特种作业的疾病和生理缺陷；

3）初中及以上学历；

4）符合相应特种作业需要的其他条件。

（2）建筑施工特种作业人员必须经建设主管部门考核合格，取得建筑施工特种作业人员操作资格证书，方可上岗从事相应作业。考核内容应当包括安全技术理论和实际操作。

（3）资格证书有效期为两年。有效期满需要延期的，建筑施工特种作业人员应当于期满前3个月内向原考核发证机关申请办理延期复核手续。延期复核合格的，资格证书有效期2年。

1.4　施工组织设计中的安全技术措施

1.4.1　安全技术措施

1. 专项安全技术措施（安全专项施工方案）

对于达到一定规模的危险性较大的分部分项工程，应当编制专项安全技术措施，并附具安全验算结果，经施工单位技术负责人、总监理工程师签字后实施，由专职安全生产管理人员进行现场监督。

危险性较大的分部分项是指《建设工程安全生产管理条例》第二十六条所明确规定的七项分部分项工程，包括：

（1）基坑支护与降水工程

基坑支护工程是指开挖深度超过5m（含5m）的基坑（槽）并采用支护结构施工的工程，或基坑虽未超过5m，但地质条件和周围环境复杂、地下水位在坑底以上的工程。

（2）土方开挖工程

土方开挖工程是指开挖深度超过5m（含5m）的基坑、槽的土方开挖。

（3）模板工程

各类工具式模板工程，包括滑膜、爬模、大模板等，水平混凝土构件模板支撑系统及特殊结构模板工程。

（4）起重吊装工程

起重吊装工程是指利用各类起重机械设备吊运、顶举物料，进行重物提升、移动，工程结构安装工作的总称。

（5）脚手架工程

1）高度超过24m的落地式钢管脚手架；

2）附着式升降脚手架，包括整体提升与分片式提升；

3）悬挑式脚手架；

4）门式脚手架；

5）挂脚手架；

6）吊篮脚手架；

7）卸料平台。

（6）拆除、爆破工程

采用工人、机械拆除或爆破拆除的工程。

（7）其他危险性较大的工程

1）建筑幕墙的安装施工；

2）预应力结构张拉施工；

3）隧道工程施工；

4）桥梁工程施工（含架桥）；

5）特种设备施工；

6）网架和索膜结构施工；

7）6m 以上的边坡施工；

8）大江、大河和导流、截流施工；

9）港口工程、航道工程；

10）采用新技术、新工艺、新材料。

2. 应当组织专家组进行论证审查的工程

对于结构复杂、危险性较大、特性较多的特殊工程，不仅要按照上述要求编制专项安全技术措施，还应当组织专家组进行论证、审查。这些工程包括：

（1）深基坑工程

开挖深度超过 5m（含 5m）或地下室 3 层以上（含 3 层），或深度虽未超过 5m（含 5m），但地质条件和周围环境及地下管线极其复杂的工程。

（2）地下暗挖工程

地下暗挖及遇有溶洞、暗河、瓦斯、岩爆、涌泥、断层等地质复杂的隧道工程。

（3）高大模板工程

水平混凝土构件模板支撑系统高度超过 8m，或跨度超过 18m，施工总荷载大于 $10kN/m^2$，或集中线荷载大于 $15kN/m^2$ 的模板支撑系统。

（4）30m 及以上高空作业的工程

（5）大江、大河中深水作业的工程

（6）城市房屋拆除爆破和其他土石方爆破工程。

对已编制的安全专项施工方案进行论证审查。安全专项施工方案专家组必须提出书面论证审查报告，施工企业应根据论证审查报告进行完善，施工企业技术负责人、总监理工程师签字后，方可实施。专家组书面论证审查报告应作为安全专项施工方案的附件，在实施过程中，施工企业应严格按照安全专项方案组织施工。

1.4.2 安全技术交底

1. 安全技术交底的内容

安全技术交底要按照各工种，各分部分项工程，采用新技术、新工艺、新材料等不同情况详细交底，具体内容是：

（1）工程概况、施工程序、施工方法、作业特点；

（2）施工的危险点、具体的预防措施、安全注意事项；

（3）相应的安全技术措施、安全操作规程和标准；

（4）安全事故紧急救援措施。

2. 安全技术交底的要求

（1）安全技术交底应在正式作业前进行；

（2）项目部必须实行逐级安全技术交底制度，应将工程概况、施工方法、施工程序、安全技术措施等向工长、班组长纵向延伸到班组全体人员进行详细交底；

（3）安全技术交底必须具体、明确、针对性强；

（4）安全技术交底的内容针对分部分项工程施工中给作业人员带来的隐患、危险因素和存在的问题；

（5）应优先采用新的安全技术措施；

（6）保持书面安全技术交底签字记录。

1.5　施工现场安全基本要求

1.5.1　施工现场管理

1. 建筑工程施工，现场应实行封闭式管理。

（1）施工现场的施工区域与现场项目部办公场所、职工生活区应划分清晰，有条件的就分开区域设置；在施工区域内设置项目部办公场所、生活区的，应采取安全的隔离措施。

（2）施工现场必须实行封闭管理，设置进出口大门和门卫值班室，值班室应设在进出大门一侧。大门宜采用硬质材料，力求美观、大方，并能上锁。施工项目部应制定门卫值班制度，外来人员进入施工现场应予以登记。在值班室内配备一定数量整洁的安全帽，供相关人员进入施工作业场所使用。

（3）进入施工现场的工作人员应按规定佩戴工作标识卡。

（4）项目部办公场所和生活区的围墙一般高度为 2.5m，特殊情况下为 1.8m。围墙砌筑必须牢固，立柱间距不小于 3.6m。围墙四周应设置夜间照明和监控装置。

（5）办公用房包括办公室、会议室、资料室、档案室、医务室等。办公用房净高不低于 2.5m，人均使用面积不小于 $4m^2$；会议室使用面积不小于 $30m^2$，宜设立在底层，大门应向人员疏散方向开启。

（6）生活用房包括职工宿舍、职工活动室、餐厅、厨房、浴室、卫生间、盥洗室等。厨房、卫生间宜设立在主导风向的下风侧；餐厅、厨房应远离卫生间等污染源，其间距不小于15m。职工宿舍应集中统一布置，室内床铺不得超过二层，居住人员不超过8人；宿舍应建立卫生保洁制度，居住室内人员名单应上墙公布；宿舍内严禁使用煤气灶、电饭煲、电炉、热得快、电磁灶等易燃易爆、大功率用电生活用品；宿舍内夏季应有防暑降温和防蚊叮虫咬措施，冬季应有保暖防气体中毒措施。厨房内严禁住人；厨房内应配备排风扇和具备消毒、灭蝇措施。活动室兼作职工学校时，其大门应向人员疏散方向开启。

2. 作业现场围栏

（1）施工作业现场应制订安全生产文明施工专项方案，并有企业总工程师和施工现场总监理工程师审查批准后，方可组织实施。凡涉及交通安全、爆破作业、废土外运、夜间施工、污水接管等事项，还必须向相关管理部门办理有关手续，获得批准方可进行相关作业。

（2）施工作业现场应采用砖墙（用砂浆抹完）、木板或瓦楞板等材料（砖砌60cm高的底脚并抹光）的围挡予以外围封闭。围挡应做到坚固、稳定、整洁、美观；高度不低于2.1m。围挡不应采用彩条布、竹笆、绳网等材料构筑。城镇道路施工围挡高度应听取交通警务管理部门的意见；应在围挡行人、行车一侧设置安全电压警示红灯。

（3）应对围挡经常进行安全和卫生检查，当出现倾斜、破损等情况时，应及时予以加固、修复。围挡表面受污染严重时，应及时清洗。

（4）围挡外不得堆放建筑材料、垃圾和工程渣土。

（5）围挡的设置必须沿工地四周连续进行，不能有缺口。

（6）城镇道路地下管道施工时，对开挖的作业坑和沟槽、井口，其周边应安装安全围挡，并在明显位置设置告示牌；夜间，悬挂警示灯。

（7）施工中应采取有效措施防治大气、土体、水源、光源、噪声污染环境和影响居民生活。

（8）加强施工作业场所安全保卫工作。进入施工作业场所管理和操作人员应佩带工作卡，工作卡上注明姓名、所属单位（部门）、岗位、编号等人员识别信息。进入地下工程施工时，必须进行实名制出入口登记。非施工人员未经许可，一律不准进入作业场所。

1.5.2　临时建筑

1. 临时建筑的选址

（1）临时建筑的选址应科学合理，不应布置在滑坡、洪水、泥石流、风口等地质灾害易发的危险区域，其布局应与施工组织设计的总体规划相一致；应符合安全、消防、节能、环保要求和国家有关规定。

（2）办公、生活用房搭设应考虑与施工周期相协调。临时建筑应根据当地气候条件，采取抵抗风、雪、雨、雷电、冰雹等自然灾害的措施。临时建筑地面应硬化；周边排水畅通、无积水。

2. 临时建筑搭设

（1）临时建筑搭设应编制专项施工方案，确保施工和房屋质量。

（2）临时建筑搭设施工单位应具备房屋建筑施工资质；活动房供应商应具有生产许可证和产品质量保证书；活动房的装拆必须由专业生产厂家负责施工，并且签订施工承包合同。施工完毕，经验收合格才能交付使用。

（3）餐厅、厨房、资料室、会议室、民工学校应设在临时建筑的底层。

（4）临时建筑场地应设有消防车道，宽度不应小于4.0m，净空高度不应小于4.0m。

（5）临时建筑楼层不宜超过两层，最大允许长度不应大于60m。安全出口应分散布置。幢与幢之间的间距不应小于3.5m。楼梯和走廊净宽度不应小于1.0m，楼梯扶手高度不应低于0.9m，外廊高度不应低于1.05m。

（6）单层临时建筑层高不宜大于5.5m，跨度不宜大于9.0m。二层临时建筑（活动房）层高不宜大于3.5m，总高度不宜大于6.5m，跨度不宜大于9.0m。

（7）临时建筑使用中，适时进行安全检查，发现破损，及时修补；遇大风、暴雨、冰雹、冰雪等灾害天气时，必须进行相应的预防、加固工作。

3. 临时建筑拆除

（1）临时建筑的拆除应具有相应施工资质的单位承担，一般可委托原临时建筑搭设单位进行。

（2）临时建筑的拆除必须采取相关的安全、防火、防尘、降噪、清除废弃物等措施。临时建筑拆除后，场地应及时清理干净。

（3）临时建筑的拆除时，需要动火作业的，应办理相关手续，动火作业时，应有安全员监护。特种作业人员应持证上岗。

（4）临时建筑使用的年限不应超过5年。

1.5.3　施工场地

（1）施工现场的主要道路和加工场地必须进行硬化处理，硬化处理可采取铺设混凝土、矿渣、碎石等方法。主通道宽度应不小于4.0m，场内道路应设置醒目的安全警示标志、限速标志。照明设施应齐全且达标。确保消防车通行；次要道路和施工便道视情况采取硬化措施，其路幅宽度不小于3.0m。施工现场道路应做到畅通、平坦、整洁、无堆放物、无散落物。裸露的场地和集中堆放的土方应采取覆盖、固化或绿化等措施。

（2）施工现场应设置良好的排水系统，保证排水畅通，场地内不积水。施工现场应设置防泥浆、污水、废水外溢措施。施工现场出口应设置车辆冲洗设施。场地内应设置排水沟及沉淀池。施工污水经沉淀达到国家规定标准，经市政管理部门核验合格后方可排入市政污水管网或河流。土方、渣土外运必须采用密闭式运输车或采取覆盖措施，并办理好相关手续；严禁抛洒滴漏。

（3）施工现场应制订降噪措施，强噪声设备应设置在远离居民区一侧。运输土方、材料车辆进入施工现场严禁鸣笛。夜间施工应办理好相关手续。

（4）施工现场应设置茶（开）水供应点、吸烟休息处和医务保健箱；适当设置水冲或移动式厕所。施工作业场所禁止吸烟。

（5）施工现场严禁焚烧各类废弃物。

1.5.4 材料堆放

（1）施工用材料、构件、料具必须按施工现场总平面布置图堆放，布置合理。材料、构配件及其他料具等必须做到安全、整齐堆放（存放），不得超高。堆料应分门别类，悬挂标牌。标牌应统一制作，标明名称、品种、规格数量以及检验状态等。

（2）施工现场应建立材料收发管理制度。仓库、工具间材料应堆放整齐。易燃易爆物品应分类堆放，配置专用灭火器，专人负责，确保安全。

（3）原材料堆场（砂石、水泥等），应建立清扫制度，落实到人，做到工完料尽、场清无积水。建筑垃圾应定点存放，及时清运，不得在现场焚烧。

（4）施工现场应采取控制扬尘措施，水泥和其他易飞扬的颗粒施工用材料应密闭存放或采取覆盖等措施。

（5）特殊材料在使用和保存时应有相应的防尘、防火、防爆、防雨、防潮、防霉措施。

（6）易燃易爆物品应设置危险品仓库，并做到分类存放。

1.5.5 施工现场标牌标识

1. 七牌二图

（1）施工现场必须设置："七牌二图"，即工程概况牌、管理人员名单及监督电话告示牌、消防保卫（防火防盗）责任牌、安全生产牌、文明施工牌、环境保护卫生须知牌、十项安全技术措施牌和施工现场平面图、施工现场消防平面图。标牌牢固、规格统一、字迹端正、表示明确、线条清晰、布置合理，一般固定在施工现场出入口侧。

（2）施工现场主要通道口、施工特殊部位、危险源作业点等处应设置安全警示牌。警示牌采用安全色来表示禁止、警告、指令和指示。红色表示禁止、停止、消防、危险的意思；黄色表示警告，可能发生危险，必须引起注意和重视；蓝色表示指令，必须遵守的规定；绿色表示安全，起到提示作用，一般是向人员提示安全通道、安全场所。

（3）生产作业场所必须设有机械操作岗位安全操作规程牌。

2. 文化宣传栏

施工现场应当在适当位置（一般在项目管理部）设置文化宣传栏。文化宣传栏内容包括：企业文化、安全知识、报刊文章、政务公开、先进表彰、违章曝光等。

1.5.6 应急预案

（1）施工企业应根据法律、法规的规定，制订施工现场的公共突发事件应急预案。应急预案应包括应急组织体系、应急人员组成及联络方式、危险源识别和监控、应急材料和设备、应急措施等。

（2）施工企业应根据实施的市政工程特点和难点，针对施工现场易发生生产安全事故的部位和环节进行监控，制定施工现场生产安全事故应急预案，落实责任人员和抢救物资，并适时组织演练。

（3）对于超过一定规模危险性较大的分部分项工程，应按规定编制安全生产专项方案，组织专家对安全专项方案进行论证。安全专项方案内容包括：工程概况、编制依据、施工环境、施工计划、施工工艺和技术、安全保证措施、劳动力安排、施工装备、有关安全计算、有关图纸等。

（4）施工现场安全生产应急预案要与企业总体应急预案保持衔接。企业应赋予生产现场负责人、专职安全员在遇到险情时第一时间下达停工撤人命令的直接决策权和指挥权。因撤离不及时导致人身伤亡事故的，要从重追究相关人员的法律责任。

（5）企业主要负责人是本企业安全生产第一责任人。企业要不断完善安全生产应急预案，有计划地组织应急演练，提高应急预案的实用性和可操作性。

2 建筑工程安全相关法律、法规

2.1 《劳动法》、《建筑法》有关规定

2.1.1 《中华人民共和国劳动法》有关规定

（1994 年 7 月 5 日中华人民共和国第八届全国人民代表大会常务委员会第八次会议通过，1994 年 7 月 5 号中华人民共和国主席令第二十八号发布，自 1995 年 1 月 1 日起施行）

第五十二条 用人单位必须建立，健全劳动安全卫生制度，严格执行国家劳动安全卫生规程和标准，对劳动者进行劳动安全卫生教育，防止劳动过程中的事故，减少职业危害。

第五十三条 劳动安全卫生设施必须符合国家规定的标准。新建、改建、扩建工程的劳动安全卫生设施必须与主体工程同时设计、同时施工，同时投入生产和使用。

第五十四条 用人单位必须为劳动者提供符合国家规定的劳动安全卫生条件和必要的劳动防护用品，对从事有职业危害作业的劳动者应当定期进行健康检查。

第五十五条 从事特种作业的劳动者必须经过专门培训并取得特种作业资格。

第五十六条 劳动者在劳动过程中必须严格遵守安全操作规程。劳动者对用人单位管理人员违章指挥，强令冒险作业，有权拒绝执行。对危害生命安全和身体健康的行为，有权提出批评，检举和控告。

第五十七条 国家建立伤亡事故和职业病统计报告和处理制度。县级以上各级人民政府劳动行政部门，有关部门和用人单位应当依法对劳动者在劳动过程中发生的伤亡事故和劳动者的职业病状况，进行统计，报告和处理。

第九十二条 用人单位的劳动安全设施和劳动卫生条件不符合国家规定或者未向劳动者提供必要的劳动保护用品和劳动保护设施的，由劳动行政部门或者有关部门责令改正，可以处以罚款；情节严重的，提请县级以上人民政府决定责令停产整顿；对事故隐患不采取措施，致使发生重大事故，造成劳动者生命和财产损失的，对责任人员比照刑法第一百八十七条的规定追究刑事责任。

第九十三条 用人单位强令劳动者违章冒险作业，发生重大伤亡事故，造成严重后果的，对责任人员依法追究刑事责任。

2.1.2 《中华人民共和国建筑法》（2011 年修正版）有关规定

【中华人民共和国主席令（2011）第 46 号】

（2011 年 4 月 22 日第十一届全国人民代表大会常务委员会第二十次会议通过，自

2011 年 7 月 1 日起施行)

　　第三十六条　建筑工程安全生产管理必须坚持安全第一、预防为主的方针，建立健全安全生产的责任制度和群防群治制度。

　　第三十七条　建筑工程设计应当符合按照国家规定制定的建筑安全规程和技术规范，保证工程的安全性能。

　　第三十八条　建筑施工企业在编制施工组织设计时，应当根据建筑工程的特点制定相应的安全技术措施；对专业性较强的工程项目，应当编制专项安全施工组织设计，并采取安全技术措施。

　　第三十九条　建筑施工企业应当在施工现场采取维护安全、防范危险、预防火灾等措施；有条件的，应当对施工现场实行封闭管理。施工现场对毗邻的建筑物、构筑物和特殊作业环境可能造成损害的，建筑施工企业应当采取安全防护措施。

　　第四十条　建设单位应当向建筑施工企业提供与施工现场相关的地下管线资料，建筑施工企业应当采取措施加以保护。

　　第四十一条　建筑施工企业应当遵守有关环境保护和安全生产的法律、法规的规定，采取控制和处理施工现场的各种粉尘、废气、废水、固体废物以及噪声、振动对环境的污染和危害的措施。

　　第四十二条　有下列情形之一的，建设单位应当按照国家有关规定办理申请批准手续：

　　（一）需要临时占用规划批准范围以外场地的；

　　（二）可能损坏道路、管线、电力、邮电通信等公共设施的；

　　（三）需要临时停水、停电、中断道路交通的；

　　（四）需要进行爆破作业的；

　　（五）法律、法规规定需要办理报批手续的其他情形。

　　第四十三条　建设行政主管部门负责建筑安全生产的管理，并依法接受劳动行政主管部门对建筑安全生产的指导和监督。

　　第四十四条　建筑施工企业必须依法加强对建筑安全生产的管理，执行安全生产责任制度，采取有效措施，防止伤亡和其他安全生产事故的发生。

　　建筑施工企业的法定代表人对本企业的安全生产负责。

　　第四十五条　施工现场安全由建筑施工企业负责。实行施工总承包的，由总承包单位负责。分包单位向总承包单位负责，服从总承包单位对施工现场的安全生产管理。

　　第四十六条　建筑施工企业应当建立健全劳动安全生产教育培训制度，加强对职工安全生产的教育培训；未经安全生产教育培训的人员，不得上岗作业。

　　第四十七条　建筑施工企业和作业人员在施工过程中，应当遵守有关安全生产的法律、法规和建筑行业安全规章、规程，不得违章指挥或者违章作业。作业人员有权对影响人身健康的作业程序和作业条件提出改进意见，有权获得安全生产所需的防护用品。作业人员对危及生命安全和人身健康的行为有权提出批评、检举和控告。

　　第四十八条　建筑施工企业应当依法为职工参加工伤保险缴纳工伤保险费，鼓励企业为从事危险作业的职工办理意外伤害保险，支付保险费。

第四十九条 涉及建筑主体和承重结构变动的装修工程，建设单位应当在施工前委托原设计单位或者具有相应资质条件的设计单位提出设计方案；没有设计方案的，不得施工。

第五十条 房屋拆除应当由具备保证安全条件的建筑施工单位承担，由建筑施工单位负责人对安全负责。

第五十一条 施工中发生事故时，建筑施工企业应当采取紧急措施减少人员伤亡和事故损失，并按照国家有关规定及时向有关部门报告。

2.2 《中华人民共和国安全生产法》有关规定

【中华人民共和国主席令（2002）第70号】

2.2.1 生产企业的安全生产保证

第十六条 生产经营单位应当具备本法和有关法律、行政法规和国家标准或者行业标准规定的安全生产条件；不具备安全生产条件的，不得从事生产经营活动。

第十七条 生产经营单位的主要负责人对本单位安全生产工作负有下列职责：

（一）建立、健全本单位安全生产责任制；

（二）组织制定本单位安全生产规章制度和操作规程；

（三）保证本单位安全生产投入的有效实施；

（四）督促、检查本单位的安全生产工作，及时消除生产安全事故隐患；

（五）组织制定并实施本单位的生产安全事故应急救援预案；

（六）及时、如实报告生产安全事故。

第十八条 生产经营单位应当具备的安全生产条件所必需的资金投入，由生产经营单位的决策机构、主要负责人或者个人经营的投资人予以保证，并对由于安全生产所必需的资金投入不足导致的后果承担责任。

第十九条 矿山、建筑施工单位和危险物品的生产、经营、储存单位，应当设置安全生产管理机构或者配备专职安全生产管理人员。

前款规定以外的其他生产经营单位，从业人员超过300人的，应当设置安全生产管理机构或者配备专职安全生产管理人员；从业人员在300人以下的，应当配备专职或者兼职的安全生产管理人员，或者委托具有国家规定的相关专业技术资格的工程技术人员提供安全生产管理服务。

生产经营单位依照前款规定委托工程技术人员提供安全生产管理服务的，保证安全生产的责任仍由本单位负责。

第二十条 生产经营单位的主要负责人和安全生产管理人员必须具备与本单位所从事的生产经营活动相应的安全生产知识和管理能力。危险物品的生产、经营、储存单位以及矿山、建筑施工单位的主要负责人和安全生产管理人员，应当由有关主管部门对其安全生产知识和管理能力考核合格后方可任职。考核不得收费。

第二十一条 生产经营单位应当对从业人员进行安全生产教育和培训，保证从业人员具备必要的安全生产知识，熟悉有关的安全生产规章制度和安全操作规程，掌握本岗位的安全操作技能。未经安全生产教育和培训合格的从业人员，不得上岗作业。

第二十二条 生产经营单位采用新工艺、新技术、新材料或者使用新设备，必须了解掌握其安全技术特性，采取有效的安全防护措施，并对从业人员进行专门的安全生产教育和培训。

第二十三条 生产经营单位的特种作业人员必须按照国家有关规定经专门的安全作业培训，取得特种作业操作资格证书，方可上岗作业。特种作业人员的范围由国务院负责安全生产监督管理的部门会同国务院有关部门确定。

第二十四条 生产经营单位新建、改建、扩建工程项目（以下统称建设项目）的安全设施，必须与主体工程同时设计、同时施工、同时投入生产和使用。安全设施投资应当纳入建设项目概算。

第二十五条 矿山建设项目和用于生产、储存危险物品的建设项目，应当分别按照国家有关规定进行安全条件论证和安全评价。

第二十六条 建设项目安全设施的设计人、设计单位应当对安全设施设计负责。

矿山建设项目和用于生产、储存危险物品的建设项目的安全设施设计应当按照国家有关规定报经有关部门审查，审查部门及其负责审查的人员对审查结果负责。

第二十七条 矿山建设项目和用于生产、储存危险物品的建设项目的施工单位必须按照批准的安全设施设计施工，并对安全设施的工程质量负责。

矿山建设项目和用于生产、储存危险物品的建设项目竣工投入生产或者使用前，必须依照有关法律、行政法规的规定对安全设施进行验收；验收合格后，方可投入生产和使用。验收部门及其验收人员对验收结果负责。

第二十八条 生产经营单位应当在有较大危险因素的生产经营场所和有关设施、设备上，设置明显的安全警示标志。

第二十九条 安全设备的设计、制造、安装、使用、检测、维修、改造和报废，应当符合国家标准或者行业标准。

生产经营单位必须对安全设备进行经常性维护、保养，并定期检测，保证正常运转。维护、保养、检测应当做好记录，并由有关人员签字。

第三十条 生产经营单位使用的涉及生命安全、危险性较大的特种设备，以及危险物品的容器、运输工具，必须按照国家有关规定，由专业生产单位生产，并经取得专业资质的检测、检验机构检测、检验合格，取得安全使用证或者安全标志，方可投入使用。检测、检验机构对检测、检验结果负责。

涉及生命安全、危险性较大的特种设备的目录由国务院负责特种设备安全监督管理的部门制定，报国务院批准后执行。

第三十一条 国家对严重危及生产安全的工艺、设备实行淘汰制度。

生产经营单位不得使用国家明令淘汰、禁止使用的危及生产安全的工艺、设备。

第三十二条　生产、经营、运输、储存、使用危险物品或者处置废弃危险品的，由有关主管部门依照有关法律、法规的规定和国家标准或者行业标准审批并实施监督管理。

生产经营单位生产、经营、运输、储存、使用危险物品或者处置废弃危险物品，必须执行有关法律、法规和国家标准或者行业标准，建立专门的安全管理制度，采取可靠的安全措施，接受有关主管部门依法实施的监督管理。

第三十三条　生产经营单位对重大危险源应当登记建档，进行定期检测、评估、监控，并制定应急预案，告知从业人员和相关人员在紧急情况下应当采取的应急措施。

生产经营单位应当按照国家有关规定将本单位重大危险源及有关安全措施、应急措施报有关地方人民政府负责安全生产监督管理的部门和有关部门备案。

第三十四条　生产、经营、储存、使用危险物品的车间、商店、仓库不得与员工宿舍在同一座建筑物内，并应当与员工宿舍保持安全距离。

生产经营场所和员工宿舍应当设有符合紧急疏散要求、标志明显、保持畅通的出口。禁止封闭、堵塞生产经营场所或者员工宿舍的出口。

第三十五条　生产经营单位进行爆破、吊装等危险作业，应当安排专门人员进行现场安全管理，确保操作规程的遵守和安全措施的落实。

第三十六条　生产经营单位应当教育和督促从业人员严格执行本单位的安全生产规章制度和安全操作规程；并向从业人员如实告知作业场所和工作岗位存在的危险因素、防范措施以及事故应急措施。

第三十七条　生产经营单位必须为从业人员提供符合国家标准或者行业标准的劳动防护用品，并监督、教育从业人员按照使用规则佩戴、使用。

第三十八条　生产经营单位的安全生产管理人员应当根据本单位的生产经营特点，对安全生产状况进行经常性检查；对检查中发现的安全问题，应当立即处理；不能处理的，应当及时报告本单位有关负责人。检查及处理情况应当记录在案。

第三十九条　生产经营单位应当安排用于配备劳动防护用品、进行安全生产培训的经费。

第四十条　两个以上生产经营单位在同一作业区域内进行生产经营活动，可能危及对方生产安全的，应当签订安全生产管理协议，明确各自的安全生产管理职责和应当采取的安全措施，并指定专职安全生产管理人员进行安全检查与协调。

第四十一条　生产经营单位不得将生产经营项目、场所、设备发包或者出租给不具备安全生产条件或者相应资质的单位或者个人。

生产经营项目、场所有多个承包单位、承租单位的，生产经营单位应当与承包单位、承租单位签订专门的安全生产管理协议，或者在承包合同、租赁合同中约定各自的安全生产管理职责；生产经营单位对承包单位、承租单位的安全生产工作统一协调、管理。

第四十二条　生产经营单位发生重大生产安全事故时，单位的主要负责人应当立即组织抢救，并不得在事故调查处理期间擅离职守。

第四十三条　生产经营单位必须依法参加工伤社会保险，为从业人员缴纳保险费。

2.2.2　从业人员的权利和义务

第四十四条　生产经营单位与从业人员订立的劳动合同，应当载明有关保障从业人员劳动安全、防止职业危害的事项，以及依法为从业人员办理工伤社会保险的事项。

生产经营单位不得以任何形式与从业人员订立协议，免除或者减轻其对从业人员因生产安全事故伤亡依法应承担的责任。

第四十五条　生产经营单位的从业人员有权了解其作业场所和工作岗位存在的危险因素、防范措施及事故应急措施，有权对本单位的安全生产工作提出建议。

第四十六条　从业人员有权对本单位安全生产工作中存在的问题提出批评、检举、控告；有权拒绝违章指挥和强令冒险作业。

生产经营单位不得因从业人员对本单位安全生产工作提出批评、检举、控告或者拒绝违章指挥、强令冒险作业而降低其工资、福利等待遇或者解除与其订立的劳动合同。

第四十七条　从业人员发现直接危及人身安全的紧急情况时，有权停止作业或者在采取可能的应急措施后撤离作业场所。

生产经营单位不得因从业人员在前款紧急情况下停止作业或者采取紧急撤离措施而降低其工资、福利等待遇或者解除与其订立的劳动合同。

第四十八条　因生产安全事故受到损害的从业人员，除依法享有工伤社会保险外，依照有关民事法律尚有获得赔偿的权利的，有权向本单位提出赔偿要求。

第四十九条　从业人员在作业过程中，应当严格遵守本单位的安全生产规章制度和操作规程，服从管理，正确佩戴和使用劳动防护用品。

第五十条　从业人员应当接受安全生产教育和培训，掌握本职工作所需的安全生产知识，提高安全生产技能，增强事故预防和应急处理能力。

第五十一条　从业人员发现事故隐患或者其他不安全因素，应当立即向现场安全生产管理人员或者本单位负责人报告；接到报告的人员应当及时予以处理。

第五十二条　工会有权对建设项目的安全设施与主体工程同时设计、同时施工、同时投入生产和使用，进行监督，提出意见。

工会对生产经营单位违反安全生产法律、法规，侵犯从业人员合法权益的行为，有权要求纠正；发现生产经营单位违章指挥、强令冒险作业或者发现事故隐患时，有权提出解决的建议，生产经营单位应当及时研究答复；发现危及从业人员生命安全的情况时，有权向生产经营单位建议组织从业人员撤离危险场所，生产经营单位必须立即作出处理。

工会有权依法参加事故调查，向有关部门提出处理意见，并要求追究有关人员的责任。

2.2.3　安全生产的监督管理

第五十三条　县级以上地方各级人民政府应当根据本行政区域内的安全生产状况，组织有关部门按照职责分工，对本行政区域内容易发生重大生产安全事故的生产经营单位进行严格检查；发现事故隐患，应当及时处理。

第五十四条 依照本法第九条规定对安全生产负有监督管理职责的部门（以下统称负有安全生产监督管理职责的部门）依照有关法律、法规的规定，对涉及安全生产的事项需要审查批准（包括批准、核准、许可、注册、认证、颁发证照等，下同）或者验收的，必须严格依照有关法律、法规和国家标准或者行业标准规定的安全生产条件和程序进行审查；不符合有关法律、法规和国家标准或者行业标准规定的安全生产条件的，不得批准或者验收通过。对未依法取得批准或者验收合格的单位擅自从事有关活动的，负责行政审批的部门发现或者接到举报后应当立即予以取缔，并依法予以处理。对已经依法取得批准的单位，负责行政审批的部门发现其不再具备安全生产条件的，应当撤销原批准。

第五十五条 负有安全生产监督管理职责的部门对涉及安全生产的事项进行审查、验收，不得收取费用；不得要求接受审查、验收的单位购买其指定品牌或者指定生产、销售单位的安全设备、器材或者其他产品。

第五十六条 负有安全生产监督管理职责的部门依法对生产经营单位执行有关安全生产的法律、法规和国家标准或者行业标准的情况进行监督检查，行使以下职权：

（一）进入生产经营单位进行检查，调阅有关资料，向有关单位和人员了解情况；

（二）对检查中发现的安全生产违法行为，当场予以纠正或者要求限期改正；对依法应当给予行政处罚的行为，依照本法和其他有关法律、行政法规的规定作出行政处罚决定；

（三）对检查中发现的事故隐患，应当责令立即排除；重大事故隐患排除前或者排除过程中无法保证安全的，应当责令从危险区域内撤出作业人员，责令暂时停产停业或者停止使用；重大事故隐患排除后，经审查同意，方可恢复生产经营和使用；

（四）对有根据认为不符合保障安全生产的国家标准或者行业标准的设施、设备、器材予以查封或者扣押，并应当在十五日内依法作出处理决定。

监督检查不得影响被检查单位的正常生产经营活动。

第五十七条 生产经营单位对负有安全生产监督管理职责的部门的监督检查人员（以下统称安全生产监督检查人员）依法履行监督检查职责，应当予以配合，不得拒绝、阻挠。

第五十八条 安全生产监督检查人员应当忠于职守，坚持原则，秉公执法。

安全生产监督检查人员执行监督检查任务时，必须出示有效的监督执法证件；对涉及被检查单位的技术秘密和业务秘密，应当为其保密。

第五十九条 安全生产监督检查人员应当将检查的时间、地点、内容、发现的问题及其处理情况，作出书面记录，并由检查人员和被检查单位的负责人签字；被检查单位的负责人拒绝签字的，检查人员应当将情况记录在案，并向负有安全生产监督管理职责的部门报告。

第六十条 负有安全生产监督管理职责的部门在监督检查中，应当互相配合，实行联合检查；确需分别进行检查的，应当互通情况，发现存在的安全问题应当由其他有关部门进行处理的，应当及时移送其他有关部门并形成记录备查，接受移送的部门应当及时进行处理。

第六十一条　监察机关依照行政监察法的规定，对负有安全生产监督管理职责的部门及其工作人员履行安全生产监督管理职责实施监察。

第六十二条　承担安全评价、认证、检测、检验的机构应当具备国家规定的资质条件，并对其作出的安全评价、认证、检测、检验的结果负责。

第六十三条　负有安全生产监督管理职责的部门应当建立举报制度，公开举报电话、信箱或者电子邮件地址，受理有关安全生产的举报；受理的举报事项经调查核实后，应当形成书面材料；需要落实整改措施的，报经有关负责人签字并督促落实。

第六十四条　任何单位或者个人对事故隐患或者安全生产违法行为，均有权向负有安全生产监督管理职责的部门报告或者举报。

第六十五条　居民委员会、村民委员会发现其所在区域内的生产经营单位存在事故隐患或者安全生产违法行为时，应当向当地人民政府或者有关部门报告。

第六十六条　县级以上各级人民政府及其有关部门对报告重大事故隐患或者举报安全生产违法行为的有功人员，给予奖励。具体奖励办法由国务院负责安全生产监督管理的部门会同国务院财政部门制定。

第六十七条　新闻、出版、广播、电影、电视等单位有进行安全生产宣传教育的义务，有对违反安全生产法律、法规的行为进行舆论监督的权利。

2.2.4　对生产安全事故的应急救援与调查处理

第六十八条　县级以上地方各级人民政府应当组织有关部门制定本行政区域内特大生产安全事故应急救援预案，建立应急救援体系。

第六十九条　危险物品的生产、经营、储存单位以及矿山、建筑施工单位应当建立应急救援组织；生产经营规模较小，可以不建立应急救援组织的，应当指定兼职的应急救援人员。

危险物品的生产、经营、储存单位以及矿山、建筑施工单位应当配备必要的应急救援器材、设备，并进行经常性维护、保养，保证正常运转。

第七十条　生产经营单位发生生产安全事故后，事故现场有关人员应当立即报告本单位负责人。

单位负责人接到事故报告后，应当迅速采取有效措施，组织抢救，防止事故扩大，减少人员伤亡和财产损失，并按照国家有关规定立即如实报告当地负有安全生产监督管理职责的部门，不得隐瞒不报、谎报或者拖延不报，不得故意破坏事故现场、毁灭有关证据。

第七十一条　负有安全生产监督管理职责的部门接到事故报告后，应当立即按照国家有关规定上报事故情况。负有安全生产监督管理职责的部门和有关地方人民政府对事故情况不得隐瞒不报、谎报或者拖延不报。

第七十二条　有关地方人民政府和负有安全生产监督管理职责的部门的负责人接到重大生产安全事故报告后，应当立即赶到事故现场，组织事故抢救。任何单位和个人都应当支持、配合事故抢救，并提供一切便利条件。

第七十三条　事故调查处理应当按照实事求是、尊重科学的原则，及时、准确地查清事故原因，查明事故性质和责任，总结事故教训，提出整改措施，并对事故责任者提出处理意见。事故调查和处理的具体办法由国务院制定。

第七十四条 生产经营单位发生生产安全事故，经调查确定为责任事故的，除了应当查明事故单位的责任并依法予以追究外，还应当查明对安全生产的有关事项负有审查批准和监督职责的行政部门的责任，对有失职、渎职行为的，依照本法第七十七条的规定追究法律责任。

第七十五条 任何单位和个人不得阻挠和干涉对事故的依法调查处理。

第七十六条 县级以上地方各级人民政府负责安全生产监督管理的部门应当定期统计分析本行政区域内发生生产安全事故的情况，并定期向社会公布。

2.2.5 所承担的法律责任

第七十七条 负有安全生产监督管理职责的部门的工作人员，有下列行为之一的，给予降级或者撤职的行政处分；构成犯罪的，依照刑法有关规定追究刑事责任：

（一）对不符合法定安全生产条件的涉及安全生产的事项予以批准或者验收通过的；

（二）发现未依法取得批准、验收的单位擅自从事有关活动或者接到举报后不予取缔或者不依法予以处理的；

（三）对已经依法取得批准的单位不履行监督管理职责，发现其不再具备安全生产条件而不撤销原批准或者发现安全生产违法行为不予查处的。

第七十八条 负有安全生产监督管理职责的部门，要求被审查、验收的单位购买其指定的安全设备、器材或者其他产品的，在对安全生产事项的审查、验收中收取费用的，由其上级机关或者监察机关责令改正，责令退还收取的费用；情节严重的，对直接负责的主管人员和其他直接责任人员依法给予行政处分。

第七十九条 承担安全评价、认证、检测、检验工作的机构，出具虚假证明，构成犯罪的，依照刑法有关规定追究刑事责任；尚不够刑事处罚的，没收违法所得，违法所得在5千元以上的，并处违法所得2倍以上5倍以下的罚款，没有违法所得或者违法所得不足5千元的，单处或者并处5千元以上2万元以下的罚款，对其直接负责的主管人员和其他直接责任人员处5千元以上5万元以下的罚款；给他人造成损害的，与生产经营单位承担连带赔偿责任。

对有前款违法行为的机构，撤销其相应资格。

第八十条 生产经营单位的决策机构、主要负责人、个人经营的投资人不依照本法规定保证安全生产所必需的资金投入，致使生产经营单位不具备安全生产条件的，责令限期改正，提供必需的资金；逾期未改正的，责令生产经营单位停产停业整顿。

有前款违法行为，导致发生生产安全事故，构成犯罪的，依照刑法有关规定追究刑事责任；尚不够刑事处罚的，对生产经营单位的主要负责人给予撤职处分，对个人经营的投资人处2万元以上20万元以下的罚款。

第八十一条 生产经营单位的主要负责人未履行本法规定的安全生产管理职责的，责令限期改正；逾期未改正的，责令生产经营单位停产停业整顿。

生产经营单位的主要负责人有前款违法行为，导致发生生产安全事故，构成犯罪的，依照刑法有关规定追究刑事责任；尚不够刑事处罚的，给予撤职处分或者处 2 万元以上 20 万元以下的罚款。

生产经营单位的主要负责人依照前款规定受刑事处罚或者撤职处分的，自刑罚执行完毕或者受处分之日起，5 年内不得担任任何生产经营单位的主要负责人。

第八十二条　生产经营单位有下列行为之一的，责令限期改正；逾期未改正的，责令停产停业整顿，可以并处 2 万元以下的罚款：

（一）未按照规定设立安全生产管理机构或者配备安全生产管理人员的；

（二）危险物品的生产、经营、储存单位以及矿山、建筑施工单位的主要负责人和安全生产管理人员未按照规定经考核合格的；

（三）未按照本法第二十一条、第二十二条的规定对从业人员进行安全生产教育和培训，或者未按照本法第三十六条的规定如实告知从业人员有关的安全生产事项的；

（四）特种作业人员未按照规定经专门的安全作业培训并取得特种作业操作资格证书，上岗作业的。

第八十三条　生产经营单位有下列行为之一的，责令限期改正；逾期未改正的，责令停止建设或者停产停业整顿，可以并处 5 万元以下的罚款；造成严重后果，构成犯罪的，依照刑法有关规定追究刑事责任：

（一）矿山建设项目或者用于生产、储存危险物品的建设项目没有安全设施设计或者安全设施设计未按照规定报经有关部门审查同意的；

（二）矿山建设项目或者用于生产、储存危险物品的建设项目的施工单位未按照批准的安全设施设计施工的；

（三）矿山建设项目或者用于生产、储存危险物品的建设项目竣工投入生产或者使用前，安全设施未经验收合格的；

（四）未在有较大危险因素的生产经营场所和有关设施、设备上设置明显的安全警示标志的；

（五）安全设备的安装、使用、检测、改造和报废不符合国家标准或者行业标准的；

（六）未对安全设备进行经常性维护、保养和定期检测的；

（七）未为从业人员提供符合国家标准或者行业标准的劳动防护用品的；

（八）特种设备以及危险物品的容器、运输工具未经取得专业资质的机构检测、检验合格，取得安全使用证或者安全标志，投入使用的；

（九）使用国家明令淘汰、禁止使用的危及生产安全的工艺、设备的。

第八十四条　未经依法批准，擅自生产、经营、储存危险物品的，责令停止违法行为或者予以关闭，没收违法所得，违法所得 10 万元以上的，并处违法所得 1 倍以上 5 倍以下的罚款，没有违法所得或者违法所得不足 10 万元的，单处或者并处 2 万元以上 10 万元以下的罚款；造成严重后果，构成犯罪的，依照刑法有关规定追究刑事责任。

第八十五条　生产经营单位有下列行为之一的，责令限期改正；逾期未改正的，责令停产停业整顿，可以并处 2 万元以上 10 万元以下的罚款；造成严重后果，构成犯罪的，依照刑法有关规定追究刑事责任：

（一）生产、经营、储存、使用危险物品，未建立专门安全管理制度、未采取可靠的安全措施或者不接受有关主管部门依法实施的监督管理的；

（二）对重大危险源未登记建档，或者未进行评估、监控，或者未制定应急预案的；

（三）进行爆破、吊装等危险作业，未安排专门管理人员进行现场安全管理的。

第八十六条 生产经营单位将生产经营项目、场所、设备发包或者出租给不具备安全生产条件或者相应资质的单位或者个人的，责令限期改正，没收违法所得；违法所得 5 万元以上的，并处违法所得 1 倍以上 5 倍以下的罚款；没有违法所得或者违法所得不足 5 万元的，单处或者并处 1 万元以上 5 万元以下的罚款；导致发生生产安全事故给他人造成损害的，与承包方、承租方承担连带赔偿责任。

生产经营单位未与承包单位、承租单位签订专门的安全生产管理协议或者未在承包合同、租赁合同中明确各自的安全生产管理职责，或者未对承包单位、承租单位的安全生产统一协调、管理的，责令限期改正；逾期未改正的，责令停产停业整顿。

第八十七条 两个以上生产经营单位在同一作业区域内进行可能危及对方安全生产的生产经营活动，未签订安全生产管理协议或者未指定专职安全生产管理人员进行安全检查与协调，责令限期改正；逾期未改正的，责令停产停业。

第八十八条 生产经营单位有下列行为之一的，责令限期改正；逾期未改正的，责令停产停业整顿；造成严重后果，构成犯罪的，依照刑法有关规定追究刑事责任：

（一）生产、经营、储存、使用危险物品的车间、商店、仓库与员工宿舍在同一座建筑内，或者与员工宿舍的距离不符合安全要求的；

（二）生产经营场所和员工宿舍未设有符合紧急疏散需要、标志明显、保持畅通的出口，或者封闭、堵塞生产经营场所或者员工宿舍出口的。

第八十九条 生产经营单位与从业人员订立协议，免除或者减轻其对从业人员因生产安全事故伤亡依法应承担的责任的，该协议无效；对生产经营单位的主要负责人、个人经营的投资人处 2 万元以上 10 万元以下的罚款。

第九十条 生产经营单位的从业人员不服从管理，违反安全生产规章制度或者操作规程的，由生产经营单位给予批评教育，依照有关规章制度给予处分；造成重大事故，构成犯罪的，依照刑法有关规定追究刑事责任。

第九十一条 生产经营单位主要负责人在本单位发生重大生产安全事故时，不立即组织抢救或者在事故调查处理期间擅离职守或者逃匿的，给予降职、撤职的处分，对逃匿的处 15 日以下拘留；构成犯罪的，依照刑法有关规定追究刑事责任。

生产经营单位主要负责人对生产安全事故隐瞒不报、谎报或者拖延不报的，依照前款规定处罚。

第九十二条 有关地方人民政府、负有安全生产监督管理职责的部门，对生产安全事故隐瞒不报、谎报或者拖延不报的，对直接负责的主管人员和其他直接责任人员依法给予行政处分；构成犯罪的，依照刑法有关规定追究刑事责任。

第九十三条 生产经营单位不具备本法和其他有关法律、行政法规和国家标准或者行业标准规定的安全生产条件，经停产停业整顿仍不具备安全生产条件的，予以关闭；有关部门应当依法吊销其有关证照。

第九十四条　本法规定的行政处罚，由负责安全生产监督管理的部门决定；予以关闭的行政处罚由负责安全生产监督管理的部门报请县级以上人民政府按照国务院规定的权限决定；给予拘留的行政处罚由公安机关依照治安管理处罚条例的规定决定。有关法律、行政法规对行政处罚的决定机关另有规定的，依照其规定。

第九十五条　生产经营单位发生生产安全事故造成人员伤亡、他人财产损失的，应当依法承担赔偿责任；拒不承担或者其负责人逃匿的，由人民法院依法强制执行。

生产安全事故的责任人未依法承担赔偿责任，经人民法院依法采取执行措施后，仍不能对受害人给予足额赔偿的，应当继续履行赔偿义务；受害人发现责任人有其他财产的，可以随时请求人民法院执行。

2.3　《安全生产许可证条例》有关规定

（1）《条例》规定，国家对矿山企业、建筑施工企业和危险化学品、烟花爆竹、民用爆破器材生产企业（以下统称企业）实行安全生产许可制度。企业未取得安全生产许可证的，不得从事生产活动。

（2）《条例》规定，企业取得安全生产许可证，应当具备下列安全生产条件：建立、健全安全生产责任制，制定完备的安全生产规章制度和操作规程；安全投入符合安全生产要求；设置安全生产管理机构，配备专职安全生产管理人员；主要负责人和安全生产管理人员经考核合格；特种作业人员经有关业务主管部门考核合格，取得特种作业操作资格证书；从业人员经安全生产教育和培训并合格；依法参加工伤保险，为从业人员缴纳保险费；厂房、作业场所和安全设施、设备、工艺符合有关安全生产法律、法规、标准和规程的要求；有职业危害防治措施，并为从业人员配备符合国家标准或者行业标准的劳动防护用品；依法进行安全评价；有重大危险源检测、评估、监控措施和应急预案；有生产安全事故应急救援预案、应急救援组织或者应急救援人员，配备必要的应急救援器材、设备；法律、法规规定的其他条件。

（3）《条例》规定，违反本条例规定，未取得安全生产许可证擅自进行生产的，责令停止生产，没收违法所得，并处 10 万元以上 50 万元以下的罚款；造成重大事故或者其他严重后果，构成犯罪的，依法追究刑事责任。本条例施行前已经进行生产的企业，应当自本条例施行之日起 1 年内，依照本条例的规定向安全生产许可证颁发管理机关申请办理安全生产许可证。

第一条　为了严格规范安全生产条件，进一步加强安全生产监督管理，防止和减少生产安全事故，根据《中华人民共和国安全生产法》的有关规定，制定本条例。

第二条　国家对矿山企业、建筑施工企业和危险化学品、烟花爆竹、民用爆破器材生产企业（以下统称企业）实行安全生产许可制度。

企业未取得安全生产许可证的，不得从事生产活动。

第三条 国务院安全生产监督管理部门负责中央管理的非煤矿矿山企业和危险化学品、烟花爆竹生产企业安全生产许可证的颁发和管理。

省、自治区、直辖市人民政府安全生产监督管理部门负责前款规定以外的非煤矿矿山企业和危险化学品、烟花爆竹生产企业安全生产许可证的颁发和管理，并接受国务院安全生产监督管理部门的指导和监督。

国家煤矿安全监察机构负责中央管理的煤矿企业安全生产许可证的颁发和管理。

在省、自治区、直辖市设立的煤矿安全监察机构负责前款规定以外的其他煤矿企业安全生产许可证的颁发和管理，并接受国家煤矿安全监察机构的指导和监督。

第四条 国务院建设主管部门负责中央管理的建筑施工企业安全生产许可证的颁发和管理。

省、自治区、直辖市人民政府建设主管部门负责前款规定以外的建筑施工企业安全生产许可证的颁发和管理，并接受国务院建设主管部门的指导和监督。

第五条 国务院国防科技工业主管部门负责民用爆破器材生产企业安全生产许可证的颁发和管理。

第六条 企业取得安全生产许可证，应当具备下列安全生产条件：

（一）建立、健全安全生产责任制，制定完备的安全生产规章制度和操作规程；

（二）安全投入符合安全生产要求；

（三）设置安全生产管理机构，配备专职安全生产管理人员；

（四）主要负责人和安全生产管理人员经考核合格；

（五）特种作业人员经有关业务主管部门考核合格，取得特种作业操作资格证书；

（六）从业人员经安全生产教育和培训合格；

（七）依法参加工伤保险，为从业人员缴纳保险费；

（八）厂房、作业场所和安全设施、设备、工艺符合有关安全生产法律、法规、标准和规程的要求；

（九）有职业危害防治措施，并为从业人员配备符合国家标准或者行业标准的劳动防护用品；

（十）依法进行安全评价；

（十一）有重大危险源检测、评估、监控措施和应急预案；

（十二）有生产安全事故应急救援预案、应急救援组织或者应急救援人员，配备必要的应急救援器材、设备；

（十三）法律、法规规定的其他条件。

第七条 企业进行生产前，应当依照本条例的规定向安全生产许可证颁发管理机关申请领取安全生产许可证，并提供本条例第六条规定的相关文件、资料。安全生产许可证颁发管理机关应当自收到申请之日起 45 日内审查完毕，经审查符合本条例规定的安全生产条件的，颁发安全生产许可证；不符合本条例规定的安全生产条件的，不予颁发安全生产许可证，书面通知企业并说明理由。

煤矿企业应当以矿（井）为单位，在申请领取煤炭生产许可证前，依照本条例的规定取得安全生产许可证。

第八条 安全生产许可证由国务院安全生产监督管理部门规定统一的式样。

第九条 安全生产许可证的有效期为3年。安全生产许可证有效期满需要延期的，企业应当于期满前3个月向原安全生产许可证颁发管理机关办理延期手续。

企业在安全生产许可证有效期内，严格遵守有关安全生产的法律法规，未发生死亡事故的，安全生产许可证有效期届满时，经原安全生产许可证颁发管理机关同意，不再审查，安全生产许可证有效期延期3年。

第十条 安全生产许可证颁发管理机关应当建立、健全安全生产许可证档案管理制度，并定期向社会公布企业取得安全生产许可证的情况。

第十一条 煤矿企业安全生产许可证颁发管理机关、建筑施工企业安全生产许可证颁发管理机关、民用爆破器材生产企业安全生产许可证颁发管理机关，应当每年向同级安全生产监督管理部门通报其安全生产许可证的颁发和管理情况。

第十二条 国务院安全生产监督管理部门和省、自治区、直辖市人民政府安全生产监督管理部门对建筑施工企业、民用爆破器材生产企业、煤矿企业取得安全生产许可证的情况进行监督。

第十三条 企业不得转让、冒用安全生产许可证或者使用伪造的安全生产许可证。

第十四条 企业取得安全生产许可证后，不得降低安全生产条件，并应当加强日常安全生产管理，接受安全生产许可证颁发管理机关的监督检查。

安全生产许可证颁发管理机关应当加强对取得安全生产许可证的企业的监督检查，发现其不再具备本条例规定的安全生产条件的，应当暂扣或者吊销安全生产许可证。

第十五条 安全生产许可证颁发管理机关工作人员在安全生产许可证颁发、管理和监督检查工作中，不得索取或者接受企业的财物，不得谋取其他利益。

第十六条 监察机关依照《中华人民共和国行政监察法》的规定，对安全生产许可证颁发管理机关及其工作人员履行本条例规定的职责实施监察。

第十七条 任何单位或者个人对违反本条例规定的行为，有权向安全生产许可证颁发管理机关或者监察机关等有关部门举报。

第十八条 安全生产许可证颁发管理机关工作人员有下列行为之一的，给予降级或者撤职的行政处分；构成犯罪的，依法追究刑事责任：

（一）向不符合本条例规定的安全生产条件的企业颁发安全生产许可证的；

（二）发现企业未依法取得安全生产许可证擅自从事生产活动，不依法处理的；

（三）发现取得安全生产许可证的企业不再具备本条例规定的安全生产条件，不依法处理的；

（四）接到对违反本条例规定行为的举报后，不及时处理的；

（五）在安全生产许可证颁发、管理和监督检查工作中，索取或者接受企业的财物，或者谋取其他利益的。

第十九条 违反本条例规定，未取得安全生产许可证擅自进行生产的，责令停止生产，没收违法所得，并处10万元以上50万元以下的罚款；造成重大事故或者其他严重后果，构成犯罪的，依法追究刑事责任。

第二十条 违反本条例规定，安全生产许可证有效期满未办理延期手续，继续进行生产的，责令停止生产，限期补办延期手续，没收违法所得，并处 5 万元以上 10 万元以下的罚款；逾期仍不办理延期手续，继续进行生产的，依照本条例第十九条的规定处罚。

第二十一条 违反本条例规定，转让安全生产许可证的，没收违法所得，处 10 万元以上 50 万元以下的罚款，并吊销其安全生产许可证；构成犯罪的，依法追究刑事责任；接受转让的，依照本条例第十九条的规定处罚。

冒用安全生产许可证或者使用伪造的安全生产许可证的，依照本条例第十九条的规定处罚。

第二十二条 本条例施行前已经进行生产的企业，应当自本条例施行之日起 1 年内，依照本条例的规定向安全生产许可证颁发管理机关申请办理安全生产许可证；逾期不办理安全生产许可证，或者经审查不符合本条例规定的安全生产条件，未取得安全生产许可证，继续进行生产的，依照本条例第十九条的规定处罚。

2.4 《建设工程安全生产管理条例》有关规定

【中华人民共和国国务院令（2003）第 393 号】

第二十条 施工单位从事建设工程的新建、扩建、改建和拆除等活动，应当具备国家规定的注册资本、专业技术人员、技术装备和安全生产等条件，依法取得相应等级的资质证书，并在其资质等级许可的范围内承揽工程。

第二十一条 施工单位主要负责人依法对本单位的安全生产工作全面负责。施工单位应当建立健全安全生产责任制度和安全生产教育培训制度，制定安全生产规章制度和操作规程，保证本单位安全生产条件所需资金的投入，对所承担的建设工程进行定期和专项安全检查，并做好安全检查记录。

施工单位的项目负责人应当由取得相应执业资格的人员担任，对建设工程项目的安全施工负责，落实安全生产责任制度、安全生产规章制度和操作规程，确保安全生产费用的有效使用，并根据工程的特点组织制定安全施工措施，消除安全事故隐患，及时、如实报告生产安全事故。

第二十二条 施工单位对列入建设工程概算的安全作业环境及安全施工措施所需费用，应当用于施工安全防护用具及设施的采购和更新、安全施工措施的落实、安全生产条件的改善，不得挪作他用。

第二十三条 施工单位应当设立安全生产管理机构，配备专职安全生产管理人员。专职安全生产管理人员负责对安全生产进行现场监督检查。发现安全事故隐患，应当及时向项目负责人和安全生产管理机构报告；对违章指挥、违章操作的，应当立即制止。

专职安全生产管理人员的配备办法由国务院建设行政主管部门会同国务院其他有关部门制定。

第二十四条 建设工程实行施工总承包的，由总承包单位对施工现场的安全生产负总责。

总承包单位应当自行完成建设工程主体结构的施工。

总承包单位依法将建设工程分包给其他单位的，分包合同中应当明确各自的安全生产方面的权利、义务。总承包单位和分包单位对分包工程的安全生产承担连带责任。

分包单位应当服从总承包单位的安全生产管理，分包单位不服从管理导致生产安全事故的，由分包单位承担主要责任。

第二十五条 垂直运输机械作业人员、安装拆卸工、爆破作业人员、起重信号工、登高架设作业人员等特种作业人员，必须按照国家有关规定经过专门的安全作业培训，并取得特种作业操作资格证书后，方可上岗作业。

第二十六条 施工单位应当在施工组织设计中编制安全技术措施和施工现场临时用电方案，对下列达到一定规模的危险性较大的分部分项工程编制专项施工方案，并附安全验算结果，经施工单位技术负责人、监理工程师签字后实施，由专职安全生产管理人员进行现场监督：

（一）基坑支护与降水工程；

（二）土方开挖工程；

（三）模板工程；

（四）起重吊装工程；

（五）脚手架工程；

（六）拆除、爆破工程；

（七）国务院建设行政主管部门或者其他有关部门规定的其他危险性较大的工程。

对前款所列工程中涉及深基坑、地下暗挖工程、高大模板工程的专项施工方案，施工单位还应当组织专家进行论证、审查。

本条第一款规定的达到一定规模的危险性较大工程的标准，由国务院建设行政主管部门会同国务院其他有关部门制定。

第二十七条 建设工程施工前，施工单位负责项目管理的技术人员应当对有关安全施工的技术要求向施工作业班组、作业人员做出详细说明，并由双方签字确认。

第二十八条 施工单位应当在施工现场入口处、施工起重机械、临时用电设施、脚手架、出入通道口、楼梯口、电梯井口、孔洞口、桥梁口、隧道口、基坑边沿、爆破物及有害危险气体和液体存放处等危险部位，设置明显的安全警示标志。安全警示标志必须符合国家标准。

施工单位应当根据不同施工阶段和周围环境及季节、气候的变化，在施工现场采取相应的安全施工措施。施工现场暂时停止施工的，施工单位应当做好现场防护，所需费用由责任方承担，或者按照合同约定执行。

第二十九条 施工单位应当将施工现场的办公、生活区与作业区分开设置，并保持安全距离；办公、生活区的选址应当符合安全性要求。职工的膳食、饮水、休息场所等应当符合卫生标准。施工单位不得在尚未竣工的建筑物内设置员工集体宿舍。

施工现场临时搭建的建筑物应当符合安全使用要求。施工现场使用的装配式活动房屋应当具有产品合格证。

第三十条 施工单位对因建设工程施工可能造成损害的毗邻建筑物、构筑物和地下管线等，应当采取专项防护措施。

施工单位应当遵守有关环境保护法律、法规的规定，在施工现场采取措施，防止或者减少粉尘、废气、废水、固体废物、噪声、振动和施工照明对人和环境的危害和污染。

在城市市区内的建设工程，施工单位应当对施工现场实行封闭围挡。

第三十一条 施工单位应当在施工现场建立消防安全责任制度，确定消防安全责任人，制定用火、用电、使用易燃易爆材料等各项消防安全管理制度和操作规程，设置消防通道、消防水源，配备消防设施和灭火器材，并在施工现场入口处设置明显标志。

第三十二条 施工单位应当向作业人员提供安全防护用具和安全防护服装，并书面告知危险岗位的操作规程和违章操作的危害。

作业人员有权对施工现场的作业条件、作业程序和作业方式中存在的安全问题提出批评、检举和控告，有权拒绝违章指挥和强令冒险作业。

在施工中发生危及人身安全的紧急情况时，作业人员有权立即停止作业或者在采取必要的应急措施后撤离危险区域。

第三十三条 作业人员应当遵守安全施工的强制性标准、规章制度和操作规程，正确使用安全防护用具、机械设备等。

第三十四条 施工单位采购、租赁的安全防护用具、机械设备、施工机具及配件，应当具有生产（制造）许可证、产品合格证，并在进入施工现场前进行查验。

施工现场的安全防护用具、机械设备、施工机具及配件必须由专人管理，定期进行检查、维修和保养，建立相应的资料档案，并按照国家有关规定及时报废。

第三十五条 施工单位在使用施工起重机械和整体提升脚手架、模板等自升式架设设施前，应当组织有关单位进行验收，也可以委托具有相应资质的检验检测机构进行验收；使用承租的机械设备和施工机具及配件的，由施工总承包单位、分包单位、出租单位和安装单位共同进行验收。验收合格的方可使用。

《特种设备安全监察条例》规定的施工起重机械，在验收前应当经有相应资质的检验检测机构监督检验合格。

施工单位应当自施工起重机械和整体提升脚手架、模板等自升式架设设施验收合格之日起 30 日内，向建设行政主管部门或者其他有关部门登记。登记标志应当置于或者附着于该设备的显著位置。

第三十六条 施工单位的主要负责人、项目负责人、专职安全生产管理人员应当经建设行政主管部门或者其他有关部门考核合格后方可任职。

施工单位应当对管理人员和作业人员每年至少进行一次安全生产教育培训，其教育培训情况记入个人工作档案。安全生产教育培训考核不合格的人员，不得上岗。

第三十七条 作业人员进入新的岗位或者新的施工现场前，应当接受安全生产教育培训。未经教育培训或者教育培训考核不合格的人员，不得上岗作业。

施工单位在采用新技术、新工艺、新设备、新材料时，应当对作业人员进行相应的安全生产教育培训。

第三十八条　施工单位应当为施工现场从事危险作业的人员办理意外伤害保险。

意外伤害保险费由施工单位支付。实行施工总承包的，由总承包单位支付意外伤害保险费。意外伤害保险期限自建设工程开工之日起至竣工验收合格止。

第四十八条　施工单位应当制定本单位生产安全事故应急救援预案，建立应急救援组织或者配备应急救援人员，配备必要的应急救援器材、设备，并定期组织演练。

第四十九条　施工单位应当根据建设工程施工的特点、范围，对施工现场易发生重大事故的部位、环节进行监控，制定施工现场生产安全事故应急救援预案。实行施工总承包的，由总承包单位统一组织编制建设工程生产安全事故应急救援预案，工程总承包单位和分包单位按照应急救援预案，各自建立应急救援组织或者配备应急救援人员，配备救援器材、设备，并定期组织演练。

第五十条　施工单位发生生产安全事故，应当按照国家有关伤亡事故报告和调查处理的规定，及时、如实地向负责安全生产监督管理的部门、建设行政主管部门或者其他有关部门报告；特种设备发生事故的，还应当同时向特种设备安全监督管理部门报告。接到报告的部门应当按照国家有关规定，如实上报。

实行施工总承包的建设工程，由总承包单位负责上报事故。

第五十一条　发生生产安全事故后，施工单位应当采取措施防止事故扩大，保护事故现场。需要移动现场物品时，应当做出标记和书面记录，妥善保管有关证物。

第六十二条　违反本条例的规定，施工单位有下列行为之一的，责令限期改正；逾期未改正的，责令停业整顿，依照《中华人民共和国安全生产法》的有关规定处以罚款；造成重大安全事故，构成犯罪的，对直接责任人员，依照刑法有关规定追究刑事责任：

（一）未设立安全生产管理机构、配备专职安全生产管理人员或者分部分项工程施工时无专职安全生产管理人员现场监督的；

（二）施工单位的主要负责人、项目负责人、专职安全生产管理人员、作业人员或者特种作业人员，未经安全教育培训或者经考核不合格即从事相关工作的；

（三）未在施工现场的危险部位设置明显的安全警示标志，或者未按照国家有关规定在施工现场设置消防通道、消防水源、配备消防设施和灭火器材的；

（四）未向作业人员提供安全防护用具和安全防护服装的；

（五）未按照规定在施工起重机械和整体提升脚手架、模板等自升式架设设施验收合格后登记的；

（六）使用国家明令淘汰、禁止使用的危及施工安全的工艺、设备、材料的。

第六十三条　违反本条例的规定，施工单位挪用列入建设工程概算的安全生产作业环境及安全施工措施所需费用的，责令限期改正，处挪用费用20%以上50%以下的罚款；造成损失的，依法承担赔偿责任。

第六十四条　违反本条例的规定，施工单位有下列行为之一的，责令限期改正；逾期未改正的，责令停业整顿，并处5万元以上10万元以下的罚款；造成重大安全事故，构成犯罪的，对直接责任人员，依照刑法有关规定追究刑事责任：

（一）施工前未对有关安全施工的技术要求做出详细说明的；

（二）未根据不同施工阶段和周围环境及季节、气候的变化，在施工现场采取相应的安全施工措施，或者在城市市区内的建设工程的施工现场未实行封闭围挡的；

（三）在尚未竣工的建筑物内设置员工集体宿舍的；

（四）施工现场临时搭建的建筑物不符合安全使用要求的；

（五）未对因建设工程施工可能造成损害的毗邻建筑物、构筑物和地下管线等采取专项防护措施的。

施工单位有前款规定第（四）项、第（五）项行为，造成损失的，依法承担赔偿责任。

第六十五条 违反本条例的规定，施工单位有下列行为之一的，责令限期改正；逾期未改正的，责令停业整顿，并处 10 万元以上 30 万元以下的罚款；情节严重的，降低资质等级，直至吊销资质证书；造成重大安全事故，构成犯罪的，对直接责任人员，依照刑法有关规定追究刑事责任；造成损失的，依法承担赔偿责任：

（一）安全防护用具、机械设备、施工机具及配件在进入施工现场前未经查验或者查验不合格即投入使用的；

（二）使用未经验收或者验收不合格的施工起重机械和整体提升脚手架、模板等自升式架设设施的；

（三）委托不具有相应资质的单位承担施工现场安装、拆卸施工起重机械和整体提升脚手架、模板等自升式架设设施的；

（四）在施工组织设计中未编制安全技术措施、施工现场临时用电方案或者专项施工方案的。

第六十六条 违反本条例的规定，施工单位的主要负责人、项目负责人未履行安全生产管理职责的，责令限期改正；逾期未改正的，责令施工单位停业整顿；造成重大安全事故、重大伤亡事故或者其他严重后果，构成犯罪的，依照刑法有关规定追究刑事责任。

作业人员不服管理、违反规章制度和操作规程冒险作业造成重大伤亡事故或者其他严重后果，构成犯罪的，依照刑法有关规定追究刑事责任。

施工单位的主要负责人、项目负责人有前款违法行为，尚不够刑事处罚的，处 2 万元以上 20 万元以下的罚款或者按照管理权限给予撤职处分；自刑罚执行完毕或者受处分之日起，5 年内不得担任任何施工单位的主要负责人、项目负责人。

第六十七条 施工单位取得资质证书后，降低安全生产条件的，责令限期改正；经整改仍未达到与其资质等级相适应的安全生产条件的，责令停业整顿，降低其资质等级直至吊销资质证书。

2.5 《生产安全事故报告和调查处理条例》有关规定

（2007 年 3 月 28 日国务院第 172 次常务会议通过，自 2007 年 6 月 1 日起施行）

2.5.1　总则

第一条　为了规范生产安全事故的报告和调查处理，落实生产安全事故责任追究制度，防止和减少生产安全事故，根据《中华人民共和国安全生产法》和有关法律，制定本条例。

第二条　生产经营活动中发生的造成人身伤亡或者直接经济损失的生产安全事故的报告和调查处理，适用本条例；环境污染事故、核设施事故、国防科研生产事故的报告和调查处理不适用本条例。

第三条　根据生产安全事故（以下简称事故）造成的人员伤亡或者直接经济损失，事故一般分为以下等级：

（一）特别重大事故，是指造成 30 人以上死亡，或者 100 人以上重伤（包括急性工业中毒，下同），或者 1 亿元以上直接经济损失的事故；

（二）重大事故，是指造成 10 人以上 30 人以下死亡，或者 50 人以上 100 人以下重伤，或者 5000 万元以上 1 亿元以下直接经济损失的事故；

（三）较大事故，是指造成 3 人以上 10 人以下死亡，或者 10 人以上 50 人以下重伤，或者 1000 万元以上 5000 万元以下直接经济损失的事故；

（四）一般事故，是指造成 3 人以下死亡，或者 10 人以下重伤，或者 1000 万元以下直接经济损失的事故。

国务院安全生产监督管理部门可以会同国务院有关部门，制定事故等级划分的补充性规定。

本条第一款所称的"以上"包括本数，所称的"以下"不包括本数。

第四条　事故报告应当及时、准确、完整，任何单位和个人对事故不得迟报、漏报、谎报或者瞒报。

事故调查处理应当坚持实事求是、尊重科学的原则，及时、准确地查清事故经过、事故原因和事故损失，查明事故性质，认定事故责任，总结事故教训，提出整改措施，并对事故责任者依法追究责任。

第五条　县级以上人民政府应当依照本条例的规定，严格履行职责，及时、准确地完成事故调查处理工作。

事故发生地有关地方人民政府应当支持、配合上级人民政府或者有关部门的事故调查处理工作，并提供必要的便利条件。

参加事故调查处理的部门和单位应当互相配合，提高事故调查处理工作的效率。

第六条　工会依法参加事故调查处理，有权向有关部门提出处理意见。

第七条　任何单位和个人不得阻挠和干涉对事故的报告和依法调查处理。

第八条　对事故报告和调查处理中的违法行为，任何单位和个人有权向安全生产监督管理部门、监察机关或者其他有关部门举报，接到举报的部门应当依法及时处理。

2.5.2　事故报告

第九条　事故发生后，事故现场有关人员应当立即向本单位负责人报告；单位负责人接到报告后，应当于1小时内向事故发生地县级以上人民政府安全生产监督管理部门和负有安全生产监督管理职责的有关部门报告。

情况紧急时，事故现场有关人员可以直接向事故发生地县级以上人民政府安全生产监督管理部门和负有安全生产监督管理职责的有关部门报告。

第十条 安全生产监督管理部门和负有安全生产监督管理职责的有关部门接到事故报告后，应当依照下列规定上报事故情况，并通知公安机关、劳动保障行政部门、工会和人民检察院：

（一）特别重大事故、重大事故逐级上报至国务院安全生产监督管理部门和负有安全生产监督管理职责的有关部门；

（二）较大事故逐级上报至省、自治区、直辖市人民政府安全生产监督管理部门和负有安全生产监督管理职责的有关部门；

（三）一般事故上报至设区的市级人民政府安全生产监督管理部门和负有安全生产监督管理职责的有关部门。

安全生产监督管理部门和负有安全生产监督管理职责的有关部门依照前款规定上报事故情况，应当同时报告本级人民政府。国务院安全生产监督管理部门和负有安全生产监督管理职责的有关部门以及省级人民政府接到发生特别重大事故、重大事故的报告后，应当立即报告国务院。

必要时，安全生产监督管理部门和负有安全生产监督管理职责的有关部门可以越级上报事故情况。

第十一条 安全生产监督管理部门和负有安全生产监督管理职责的有关部门逐级上报事故情况，每级上报的时间不得超过2小时。

第十二条 报告事故应当包括下列内容：

（一）事故发生单位概况；

（二）事故发生的时间、地点以及事故现场情况；

（三）事故的简要经过；

（四）事故已经造成或者可能造成的伤亡人数（包括下落不明的人数）和初步估计的直接经济损失；

（五）已经采取的措施；

（六）其他应当报告的情况。

第十三条 事故报告后出现新情况的，应当及时补报。

自事故发生之日起30日内，事故造成的伤亡人数发生变化的，应当及时补报。道路交通事故、火灾事故自发生之日起7日内，事故造成的伤亡人数发生变化的，应当及时补报。

第十四条 事故发生单位负责人接到事故报告后，应当立即启动事故相应应急预案，或者采取有效措施，组织抢救，防止事故扩大，减少人员伤亡和财产损失。

第十五条 事故发生地有关地方人民政府、安全生产监督管理部门和负有安全生产监督管理职责的有关部门接到事故报告后，其负责人应当立即赶赴事故现场，组织事故救援。

第十六条　事故发生后，有关单位和人员应当妥善保护事故现场以及相关证据，任何单位和个人不得破坏事故现场、毁灭相关证据。

因抢救人员、防止事故扩大以及疏通交通等原因，需要移动事故现场物件的，应当做出标志，绘制现场简图并做出书面记录，妥善保存现场重要痕迹、物证。

第十七条　事故发生地公安机关根据事故的情况，对涉嫌犯罪的，应当依法立案侦查，采取强制措施和侦查措施。犯罪嫌疑人逃匿的，公安机关应当迅速追捕归案。

第十八条　安全生产监督管理部门和负有安全生产监督管理职责的有关部门应当建立值班制度，并向社会公布值班电话，受理事故报告和举报。

2.5.3　事故调查

第十九条　特别重大事故由国务院或者国务院授权有关部门组织事故调查组进行调查。重大事故、较大事故、一般事故分别由事故发生地省级人民政府、设区的市级人民政府、县级人民政府负责调查。省级人民政府、设区的市级人民政府、县级人民政府可以直接组织事故调查组进行调查，也可以授权或者委托有关部门组织事故调查组进行调查。

未造成人员伤亡的一般事故，县级人民政府也可以委托事故发生单位组织事故调查组进行调查。

第二十条　上级人民政府认为必要时，可以调查由下级人民政府负责调查的事故。

自事故发生之日起 30 日内（道路交通事故、火灾事故自发生之日起 7 日内），因事故伤亡人数变化导致事故等级发生变化，依照本条例规定应当由上级人民政府负责调查的，上级人民政府可以另行组织事故调查组进行调查。

第二十一条　特别重大事故以下等级事故，事故发生地与事故发生单位不在同一个县级以上行政区域的，由事故发生地人民政府负责调查，事故发生单位所在地人民政府应当派人参加。

第二十二条　事故调查组的组成应当遵循精简、效能的原则。

根据事故的具体情况，事故调查组由有关人民政府、安全生产监督管理部门、负有安全生产监督管理职责的有关部门、监察机关、公安机关以及工会派人组成，并应当邀请人民检察院派人参加。

事故调查组可以聘请有关专家参与调查。

第二十三条　事故调查组成员应当具有事故调查所需要的知识和专长，并与所调查的事故没有直接利害关系。

第二十四条　事故调查组组长由负责事故调查的人民政府指定。事故调查组组长主持事故调查组的工作。

第二十五条　事故调查组履行下列职责：

（一）查明事故发生的经过、原因、人员伤亡情况及直接经济损失；

（二）认定事故的性质和事故责任；

（三）提出对事故责任者的处理建议；

（四）总结事故教训，提出防范和整改措施；

（五）提交事故调查报告。

第二十六条　事故调查组有权向有关单位和个人了解与事故有关的情况，并要求其提供相关文件、资料，有关单位和个人不得拒绝。

事故发生单位的负责人和有关人员在事故调查期间不得擅离职守，并应当随时接受事故调查组的询问，如实提供有关情况。

事故调查中发现涉嫌犯罪的，事故调查组应当及时将有关材料或者其复印件移交司法机关处理。

第二十七条　事故调查中需要进行技术鉴定的，事故调查组应当委托具有国家规定资质的单位进行技术鉴定。必要时，事故调查组可以直接组织专家进行技术鉴定。技术鉴定所需时间不计入事故调查期限。

第二十八条　事故调查组成员在事故调查工作中应当诚信公正、恪尽职守，遵守事故调查组的纪律，保守事故调查的秘密。

未经事故调查组组长允许，事故调查组成员不得擅自发布有关事故的信息。

第二十九条　事故调查组应当自事故发生之日起 60 日内提交事故调查报告；特殊情况下，经负责事故调查的人民政府批准，提交事故调查报告的期限可以适当延长，但延长的期限最长不超过 60 日。

第三十条　事故调查报告应当包括下列内容：

（一）事故发生单位概况；

（二）事故发生经过和事故救援情况；

（三）事故造成的人员伤亡和直接经济损失；

（四）事故发生的原因和事故性质；

（五）事故责任的认定以及对事故责任者的处理建议；

（六）事故防范和整改措施。

事故调查报告应当附具有关证据材料。事故调查组成员应当在事故调查报告上签名。

第三十一条　事故调查报告报送负责事故调查的人民政府后，事故调查工作即告结束。事故调查的有关资料应当归档保存。

2.5.4　事故处理

第三十二条　重大事故、较大事故、一般事故，负责事故调查的人民政府应当自收到事故调查报告之日起 15 日内做出批复；特别重大事故，30 日内做出批复，特殊情况下，批复时间可以适当延长，但延长的时间最长不超过 30 日。

有关机关应当按照人民政府的批复，依照法律、行政法规规定的权限和程序，对事故发生单位和有关人员进行行政处罚，对负有事故责任的国家工作人员进行处分。

事故发生单位应当按照负责事故调查的人民政府的批复，对本单位负有事故责任的人员进行处理。

负有事故责任的人员涉嫌犯罪的，依法追究刑事责任。

第三十三条 事故发生单位应当认真吸取事故教训，落实防范和整改措施，防止事故再次发生。防范和整改措施的落实情况应当接受工会和职工的监督。

安全生产监督管理部门和负有安全生产监督管理职责的有关部门应当对事故发生单位落实防范和整改措施的情况进行监督检查。

第三十四条 事故处理的情况由负责事故调查的人民政府或者其授权的有关部门、机构向社会公布，依法应当保密的除外。

2.5.5 法律责任

第三十五条 事故发生单位主要负责人有下列行为之一的，处上一年年收入 40% ~ 80% 的罚款；属于国家工作人员的，并依法给予处分；构成犯罪的，依法追究刑事责任：

（一）不立即组织事故抢救的；

（二）迟报或者漏报事故的；

（三）在事故调查处理期间擅离职守的。

第三十六条 事故发生单位及其有关人员有下列行为之一的，对事故发生单位处 100 万元以上 500 万元以下的罚款；对主要负责人、直接负责的主管人员和其他直接责任人员处上一年年收入 60% ~ 100% 的罚款；属于国家工作人员的，并依法给予处分；构成违反治安管理行为的，由公安机关依法给予治安管理处罚；构成犯罪的，依法追究刑事责任：

（一）谎报或者瞒报事故的；

（二）伪造或者故意破坏事故现场的；

（三）转移、隐匿资金、财产，或者销毁有关证据、资料的；

（四）拒绝接受调查或者拒绝提供有关情况和资料的；

（五）在事故调查中作伪证或者指使他人作伪证的；

（六）事故发生后逃匿的。

第三十七条 事故发生单位对事故发生负有责任的，依照下列规定处以罚款：

（一）发生一般事故的，处 10 万元以上 20 万元以下的罚款；

（二）发生较大事故的，处 20 万元以上 50 万元以下的罚款；

（三）发生重大事故的，处 50 万元以上 200 万元以下的罚款；

（四）发生特别重大事故的，处 200 万元以上 500 万元以下的罚款。

第三十八条 事故发生单位主要负责人未依法履行安全生产管理职责，导致事故发生的，依照下列规定处以罚款；属于国家工作人员的，并依法给予处分；构成犯罪的，依法追究刑事责任：

（一）发生一般事故的，处上一年年收入 30% 的罚款；

（二）发生较大事故的，处上一年年收入 40% 的罚款；

（三）发生重大事故的，处上一年年收入 60% 的罚款；

（四）发生特别重大事故的，处上一年年收入 80% 的罚款。

第三十九条 有关地方人民政府、安全生产监督管理部门和负有安全生产监督管理职责的有关部门有下列行为之一的，对直接负责的主管人员和其他直接责任人员依法给予处分；构成犯罪的，依法追究刑事责任：

（一）不立即组织事故抢救的；

（二）迟报、漏报、谎报或者瞒报事故的；

（三）阻碍、干涉事故调查工作的；

（四）在事故调查中作伪证或者指使他人作伪证的。

第四十条 事故发生单位对事故发生负有责任的，由有关部门依法暂扣或者吊销其有关证照；对事故发生单位负有事故责任的有关人员，依法暂停或者撤销其与安全生产有关的执业资格、岗位证书；事故发生单位主要负责人受到刑事处罚或者撤职处分的，自刑罚执行完毕或者受处分之日起，5 年内不得担任任何生产经营单位的主要负责人。

为发生事故的单位提供虚假证明的中介机构，由有关部门依法暂扣或者吊销其有关证照及其相关人员的执业资格；构成犯罪的，依法追究刑事责任。

第四十一条 参与事故调查的人员在事故调查中有下列行为之一的，依法给予处分；构成犯罪的，依法追究刑事责任：

（一）对事故调查工作不负责任，致使事故调查工作有重大疏漏的；

（二）包庇、袒护负有事故责任的人员或者借机打击报复的。

第四十二条 违反本条例规定，有关地方人民政府或者有关部门故意拖延或者拒绝落实经批复的对事故责任人的处理意见的，由监察机关对有关责任人员依法给予处分。

第四十三条 本条例规定的罚款的行政处罚，由安全生产监督管理部门决定。

法律、行政法规对行政处罚的种类、幅度和决定机关另有规定的，依照其规定。

2.5.6 附则

第四十四条 没有造成人员伤亡，但是社会影响恶劣的事故，国务院或者有关地方人民政府认为需要调查处理的，依照本条例的有关规定执行。

国家机关、事业单位、人民团体发生的事故的报告和调查处理，参照本条例的规定执行。

第四十五条 特别重大事故以下等级事故的报告和调查处理，有关法律、行政法规或者国务院另有规定的，依照其规定。

第四十六条 本条例自 2007 年 6 月 1 日起施行。国务院 1989 年 3 月 29 日公布的《特别重大事故调查程序暂行规定》和 1991 年 2 月 22 日公布的《企业职工伤亡事故报告和处理规定》同时废止。

3 生产安全事故管理

3.1 生产安全事故的分类

3.1.1 按伤害程度分类

（1）轻伤事故——损失工作日低于 105 日的失能伤害（受伤者暂时不能从事原岗位工作）的事故。

（2）重伤事故——损失工作日等于或超过 105 日的失能伤害的事故。

（3）死亡事故——事故发生后当即死亡或负伤后 30 日内死亡的事故，损失工作日定为 6000 日。

3.1.2 按事故严重程度分类

（1）轻伤事故——在一次事故中只有轻伤发生的事故。

（2）重伤事故——在一次事故中有重伤而无死亡发生的事故。

（3）死亡事故——分重大伤亡事故和特大伤亡事故。重大伤亡事故指一次事故死亡 1~2 人的事故。特大伤亡事故指一次事故死亡 3 人以上的事故。

3.1.3 按事故等级分类

（1）特别重大事故，是指造成 30 人以上死亡，或者 100 人以上重伤（包括急性工业中毒，下同），或者 1 亿元以上直接经济损失的事故。

（2）重大事故，是指造成 10 人以上 30 人以下死亡，或者 50 人以上 100 人以下重伤，或者 5000 万元以上 1 亿元以下直接经济损失的事故。

（3）较大事故，是指造成 3 人以上 10 人以下死亡或者 10 人以上 50 人以下重伤，或者 1000 万元以上 5000 万元以下直接经济损失的事故。

（4）一般事故，是指造成 3 人以下死亡，或者 10 人以下重伤，或者 1000 万元以下直接经济损失的事故。

上述所称的"以上"包括本数，所称的"以下"不包括本数。

3.2 伤亡事故原因

施工工地发生伤亡事故的基本原因有两条：一是人的不安全行为；二是物的不安全状态，多数伤亡事故是由于人的不安全行为造成的。具体原因有：

（1）物体打击；

（2）车辆伤害；

（3）机械伤害；

（4）起重伤害；

（5）触电；

（6）淹溺；

（7）灼烫；

（8）火灾；

（9）高处坠落；

（10）坍塌；

（11）冒顶片帮；

（12）透水；

（13）爆炸；

（14）火药爆炸；

（15）瓦斯爆炸；

（16）锅炉爆炸；

（17）压力容器爆炸；

（18）其他爆炸；

（19）中毒和窒息；

（20）其他。

3.3 预防事故的措施

为了便于掌握和切实达到预防事故和减少事故损失的目的，应采取以下安全技术措施。

（1）改进生产工艺，实现机械化、自动化。

（2）设置安全装置（防护、保险、信号装置，危险警示标志）。

（3）预防性的机械强度试验和电气绝缘检验。

（4）机械设备的维修保养和有计划的检修。

（5）文明施工。

（6）合理使用劳动保护用品。

（7）做好重点预防。

（8）认真研究，做好预控方案。

（9）强化民主管理，认真执行操作规程，普及检验技术知识教育。

3.4 伤亡事故处理程序

应按下述程序对伤亡事故进行处理。

（1）迅速抢救伤员、保护事故现场。

（2）组织调查组。

（3）现场勘察。

（4）分析事故原因，确定事故性质。

（5）写出事故调查报告。

（6）事故的审理和结案。

3.5　事故现场的保护

事故发生后，有关单位和人员应当妥善保护事故现场以及相关证据，任何单位和个人不得破坏事故现场、毁灭相关证据。

因抢救人员、防止事故扩大以及疏通交通等原因，需要移动事故现场物件的，应当做出标志，绘制现场简图并做出书面记录，妥善保存现场重要痕迹、物证。

3.6　生产安全事故报告

（1）事故发生单位概况。

（2）事故发生的时间、地点以及事故现场情况。

（3）事故的简要经过。

（4）事故已经造成或者可能造成的伤亡人数（包括下落不明的人数）和初步估计的直接经济损失。

（5）已经采取的措施。

（6）其他应当报告的情况。

3.7　事故发生单位及有关人员的法律责任

事故发生单位及其有关人员有下列行为之一的，对事故发生单位处100万元以上500万元以下的罚款；对主要负责人、直接负责的主管人员和其他直接责任人员处上年年收入60%至100%的罚款；属于国家工作人员的、并依法给予处分；构成违反治安管理行为的，由公安机关依法给予治安管理处罚；构成犯罪的，依法追究刑事责任。

（1）谎报或者瞒报事故的；

（2）伪造或者故意破坏事故现场的；

（3）转移、隐匿资金、财产，或者销毁有关证据、资料的；

（4）拒绝接受调查或者拒绝提供有关情况和资料的；

（5）在事故调查中作伪证或者指使他人作伪证的：

（6）事故发生后逃匿的。

事故发生单位对事故发生负有责任的，依照下列规定处以罚款：

（1）发生一般事故的，处 10 万元以上 20 万元以下的罚款；

（2）发生较大事故的，处 20 万元以上 50 万元以下的罚款；

（3）发生重大事故的，处 50 万元以上 200 万元以下的罚款；

（4）发生特别重大事故的，处 200 万元以上 500 万元以下的罚款。

事故发生单位对事故发生负有责任的，由有关部门依法暂扣或者吊销其有关证照；对事故发生单位负有事故责任的有关人员。依法暂停或者撤销其与安全生产有关的执业资格、岗位证书；事故发生单位主要负责人受到刑事处罚或者撤职处分的，自刑罚执行完毕或者受处分之日起，5 年内不得担任任何生产经营单位的主要负责人。

为发生事故的单位提供虚假证照的中介机构，由有关部门依法暂扣或者吊销其有关证照及其人员的执业资格；构成犯罪的，依法追究刑事责任。

4 施工准备工作中的安全要点

施工项目现场是施工的"枢纽站"，大量的物资进场后"停站"于施工现场，施工现场集中的大量劳动力、各种机械设备和管理人员在施工活动中处于流动之中。不言而喻，施工现场存在着大量的不安全致因，因此，必须切实加强施工现场的安全管理工作。

4.1 施工现场的安全要点

4.1.1 正确合理的平面布置与安全要点

施工现场应有利于生产、方便职工生活，符合防洪、防火等安全要求，具备文明生产、文明施工的条件。开工前，在施工组织设计（或施工方案）中必须有详细的施工平面布置图。对于施工现场的临时设施，必须避开泥沼，悬崖、陡坡、泥石流、雪崩等危险区域，选在水文、地质良好的地段。施工现场内的各种运输道路、生产生活房屋、易燃易爆仓库、材料堆放，以及动力通信线路和其他临时工程均应保证符合有关安全规定的要求。

（1）施工现场的生产生活用房、变电所、发电机房、临时油库等均应设在干燥地基上，并应符合防火、防洪、防风、防爆、防震的要求。

由于施工现场易燃材料多，如木材、木模板、脚手架、沥青、油漆、油毡等；施工现场临时用电线路多，容易漏电起火；现场人员流动性大；交叉作业多；管理不便，火灾隐患不易发现，加上消防条件差，如出现火灾，灭火困难，因此，火灾的隐患不安全因素多，稍有疏忽就可能发生火灾。

防火的安全工作要点主要有：

1）施工现场火灾的主要隐患

①木屑自燃起火。例如在桥梁施工现场的木材加工中，有大量木屑堆积，就会发热，积热量增多后，再吸收氧气，便可能自燃起火；

②熬制沥青作业时不慎起火；

③仓库内的易燃物触及明火就会燃烧起火，如土工合成材料、油料、木材、燃料、防护用品、油毡等；

④焊接作业时火星溅到易燃物上引起火灾；

⑤电气设备短路或漏电而导致火灾；

⑥乱扔烟头引发起火；

⑦冬季在加工车间如木工间烧柴取暖引发起火；

⑧烟囱、炉灶、冬季炉火取暖，管理不善起火；

⑨雷击起火；

⑩生活用房不慎起火；

⑪其他。

2）防火安全工作的措施

①对上级有关消防工作的政策、法规、条例等应认真组织学习并贯彻执行。将防火工作纳入领导工作的议事日程，做到在计划、布置、检查、总结、评比时同步考虑防火工作，制定各级领导防火责任制。

②建立各级安全防火责任制，工人安全防火岗位责任制，现场防火工具管理责任制，重点部位安全防火制度，安全防火检查制度，火灾事故报告制度，易燃、易爆物品管理制度，用火用电管理制度，防火宣传教育制度等。

③设置专职、兼职防火员，成立义务消防队组织。主要职责有：

a. 监督、检查各级人员落实防火责任制的情况。

b. 审查防火工作措施并督促实施。

c. 参加制定、修改防火工作制度。

d. 经常进行现场防火检查，协助解决防火问题，发现火灾隐患有权指令停止生产或查封，并立即报告有关领导研究解决。

e. 推广消防工作先进经验。

f. 对工人进行防火知识教育，组织义务消防队员培训和灭火演习。

g. 参加火灾事故调查、处理、上报。

（2）施工现场应根据现场实际情况和需要，设置鲜明的安全标志，并不得擅自拆除。

（3）施工现场内的沟、坑、水塘等边缘应设安全护栏。场地狭小、行人和运输繁忙的路段应设专人指挥交通。

工地的人行道、行车道应坚实平坦，保持畅通。场内运输道路应尽量减少弯道和交叉点，频繁的交叉处必须设置鲜明的警告标志。

工地通道不得任意挖掘或截断。通过沟渠的道路，应搭设牢固的桥板或修建临时便桥。

（4）生产生活房屋应按防火要求的规定保持必需的安全距离，一般情况下活动板房不小于7m，铁皮板房不小于5m，临时的锅炉房、发电机房、变电室、铁工房、厨房等与其他房屋的间距不小于15m。

（5）易燃易爆品的仓库、发电机房、变电所应采取必要的安全防护措施，严禁用易燃材料修建。

（6）炸药库的设置应符合国家有关规定。

（7）爆破器材库与爆破器材的管理。

爆破材料库房必须严防火灾或发生引爆事故，应注意：

1）在火药库区内，严禁点火、吸烟，任何人不准携带火柴、打火机、手机、武器或引火物品进入炸药库。

2）在库房围墙内，要及时清扫枯草、干树枝、干树叶，库房外围要有足够的防沟。

3）不允许穿带钉子的鞋进入黑火药库房。

4) 爆破材料的储量不得超过设计规定量，以防万一发生火灾引起爆炸，给周围人员和建筑物带来严重后果。

5) 库内固有的照明设备，应经常检查其是否牢固，绝缘是否良好。

6) 库内照明宜用铠装电缆引入；固定灯具应用防爆型，移动灯具必须使用蓄电池和电筒。

7) 爆破器材库的位置、结构和设施等的设置须经主管部门批准，并经公安部门许可。

8) 爆破器材必须贮存在爆破材料库内，特殊情况下，经主管部门审核并报当地县（市）公安局批准后，方准在库外存放。

9) 爆破器材库的爆破器材贮存量应遵守下列规定：

①地面库单一库房的最大允许容量不得超过《爆破安全规程》（GB 6722—2003）的规定。

②地面总库的总容量，炸药不得超过本单位半年生产用量。起爆器材不得超过 1 年生产用量。地面分库的总容量，炸药不得超过 3 个月生产用量，起爆器材不得超过半年生产用量。

③洞室式库的最大容量不得超过100t。

④隧道内、井下只准建分库，其库容量不得超过炸药 3 昼夜生产用量、起爆器材 10 昼夜生产用量。

10) 临时性爆破器材库的最大贮存量为：炸药 10t；雷管 2 万发；导爆索 10000m。

11) 库房建立后，任何单位不得存爆破器材库的危险区域内修建任何建筑物和构筑物。

12) 各类爆破器材的贮存必须遵守《爆破安全规程》（GB 6722—2003）的规定。

（8）工地的小型临时油库应远离生活区 50m 以外，并外设围栏。

（9）工地上较高的建（构）筑物、临时棚及重要库房，如炸药库、油库、发（变）电房、塔架、龙门吊架等，均应加设避雷装置。

（10）对环境有污染的设施和材料应设置在远离人员居住的较为空旷的地点。工程场所应配有防污染的设施。

（11）施工现场的生活用水必须符合国家有关饮用水水质标准的规定。

1) 生活饮用水水质应符合，《生活饮用水水质标准》（GB 5749—2006）的规定。

2) 各单位自备的生活饮用水系统，严禁与城镇供水系统连接。

3) 直接从事供水工作的人员，必须建立健康档案，定期进行体检，每年不少于一次。

（12）生活污水应进行处理。应建有化粪池或其他能满足使用要求的系统，用于汇集与处理由住房、办公室及其他建筑物和流动性设施中排放的污水，其位置、容量应满足正常使用的要求。每一处临时施工现场均应配备临时污水汇集设施，对拌和场和清洗砂石的污水应汇集处理，不得排引施工现场以外的地方。

（13）做好垃圾处理，确保环境卫生，防止疾病发生。

现场产生的一切垃圾必须每天有专人负责清理集中并处理（可与当地有关部门联系定期运至指定的垃圾处理场），施工垃圾必须随当地日作业班组清洁集中处理，以保证作业现场保持清洁卫生。垃圾管理工作直至工程竣工交验后方可停止。

4.1.2 特殊工程施工现场的施工安全要点

特殊工程系指工程本身的特殊性或工程所在地区（区域）的特殊性或采用的施工工艺、方法有特殊要求的工程。有的是整体工程属于特殊工程施工现场，也有的仅是部分分项工程属于特殊工程施工现场。

特殊工程施工现场安全管理，除一般工程的基本要求外，还应根据特殊工程的性质、施工特点、要求等制定有针对性的安全管理和安全技术措施。其基本要求是：

（1）编制特殊工程施工现场安全管理制度，并向参加施工的全体职工进行安全教育和交底。

（2）特殊工程施工现场周围要设置围护，要有出入制度并设门卫（值班人员）。

（3）强化安全监督检查制度，并认真做好安全日记。

（4）对于从事危险作业的人员要进行安全检测和设置监护，如爆破、吊装拆除工程和滑模施工等。

（5）施工现场应设医务室或派医务人员。

（6）要备有灭火、防爆和应急等器材物资，通过学习和训练，使相关职工能掌握使用。

4.1.3 施工现场安全组织

（1）施工现场（工地）的工地负责人（或项目经理）为安全生产的第一责任者，设置安全专（兼）职人员或安全机构。

（2）成立以工地负责人（项目经理）为主的，有施工员、安全员、班组长参加的安全生产管理小组，并组成安全管理网络。

（3）要建立由工地领导参加的，包括施工员、安全员在内的轮流值班制度，检查监督施工现场及安全制度的贯彻执行，并做好安全值日记录。

（4）工地还要建立健全各类人员的安全生产责任制、安全技术交底、安全宣传教育、安全检查、安全设施验收和事故报告等管理制度。

（5）班组新调入工地时，应将班组安全员名单报告工地安全生产管理小组，属特种作业班组还应报告本班组持有操作证情况。同时，工地安全管理小组要向班组进行安全交底。

（6）总、分包工程或多单位联合施工工程，总承包单位应统一领导和管理安全工作，并成立以总包单位为主、分包单位（或参加施工单位）参加的联合安全生产领导小组，统筹、协调、管理施工现场的安全生产工作。

（7）各分包单位（或参加施工单位）根据"管生产必须管安全"原则，都应成立分包工程安全管理组织或确定安全负责人，负责分包工程安全管理，并服从总包单位的安全监督检查。

（8）在同一施工现场，由建设单位（甲方）直接分包分部分项工程的施工单位除负责本单位施工安全外，还应服从现场总负责施工单位的监督检查和管理。

4.1.4　现场安全管理资料与档案

安全档案是安全基础工作之一，也是检查考核落实安全责任制的资料依据，同时为安全管理工作提供分析、研究资料，从而能够掌握安全动态，以便对每个时期的安全工作进行目标管理，达到预测、预报、预防事故的目的。安全管理资料是现代化安全管理（微机的应用）的基础，也是分析、研究安全管理工作规律的基础资料，通过对资料分类、进行规范化和标准化的探索，提高安全管理工作的水平，因此，必须重视现场安全管理资料及建档工作。

安全管理基础资料主要包括方针、目标等职业安全健康管理五大核心要素的文件化资料，例如：

（1）安全组织机构。

（2）安全生产规章制度。

（3）安全生产宣传、教育，培训。

（4）安全技术资料。

（5）采用新工艺、新技术、新设备、新材料安全交底书和安全操作规定。

（6）安全检查考核（包括隐患整改）。

（7）特种作业人员验证记录。

（8）伤亡事故档案。

（9）有关文件、会议记录。

（10）总、分包工程安全文书资料。

（11）班组安全活动。

（12）奖罚资料。

4.1.5　施工安全技术措施

安全技术措施是为防止工伤事故和职业病的危害，从技术上采取的措施。它是在工程施工中，针对工程的特点、施工现场环境、施工方法、劳动组织、作业方法、使用的机械、动力设备、变配电设施、架设工具以及各项安全防护设施等制定的确保安全施工的措施。

施工安全技术措施是施工组织设计（或施工方案）的重要组成部分。

1. 施工安全技术措施编制的要求

工程开工前，施工单位必须详细核对设计文件，根据施工地段的地形、地质、水文、气象等资料，在编制施工组织设计的同时，制定相应的安全技术措施。

在施工准备阶段中，施工单位在编制施工组织设计的同时，应按下述要求编制相应的施工安全技术措施：

（1）应在工程开工前编制，并经过审批

要求在开工前编审好安全技术措施，在工程图纸会审时，必须考虑到施工安全。同时，由于开工前已编审了安全技术措施，因而，用于该工程的各种安全设施才能有较充分的时间作准备，从而保证各种安全设施的落实。

在施工过程中，遇工程变更等情况变化时，安全技术措施也必须及时进行相应的补充和完善，以适用变化后的安全要求。

（2）要有针对性

施工组织设计中的安全技术措施必须要有针对性，防止一般性口号化的条文。编制人员必须深入现场，进行调查、勘察，掌握第一手资料，并以安全法规、标准等为依据来编写有针对性的安全技术措施。

1）针对不同工程可能造成的施工危害，从技术上采取措施，消除危险，保证施工安全。

例如：桥梁基础施工中采用潜水钻机钻孔，其工程特点是在水下作业，为确保施工安全，安全技术措施应针对危险因素进行编制，如规定一般在完成一根钻孔桩时，要检查一次电机的封闭性能，提出钻进速度应根据地质变化情况加以控制的具体要求，保证安全运转等。

2）针对不同的工程结构可能造成的施工危害，从技术上采取措施，消除危险，保证施工安全。

例如：斜拉桥的索塔高度在 20m 以上或高度不足 20m 的，但在郊区或平原区施工或附近无高大建筑物提供防雷保护时，则应给索塔设置避雷器并要求其接地电阻不得大于 10Ω，以确保施工（使用）的安全。

3）针对不同的施工方法采取安全措施。例如：采用立体交叉作业、滑模、网架整体提升吊装等方法施工时，应对其可能给施工带来的不安全因素，从技术上采取措施，以保证施工安全。

4）针对使用的各种机械设备、变配电设施可能给施工人员带来的危险因素，从安全保险装置等方面采取技术措施，以保安全。

5）针对施工中有毒有害、易爆易燃等作业可能给施工人员造成的危害，从技术上采取防护措施。例如：在隧道施工中，为防止瓦斯伤害人体，就应通过正确的通风设计，配备足以保证隧道中瓦斯不超限和不积存的设施，以保施工安全。

6）针对施工场地及周围环境可能给施工人员或周围居民以及材料、设备运输带来的困难和不安全因素，从技术上采取措施进行保护。

（3）考虑要全面、具体

安全技术措施应贯彻于全部施工生产活动之中，力求细致、全面、具体。

例如：在施工平面布置设计中未很好考虑安全要求，致使易燃易爆品临时存放仓库及明火作业区、工地宿舍、厨房等的定位及间距达不到安全距离规定的要求，又如用于起吊的缆绳未认真检测或所取安全度不够等，这些均可能导致严重安全事故。因此，只有把多种因素和各种不利条件综合研究、分析，考虑周全，并采取有效的措施和对策，才能真正做到预防事故。

所谓全面、具体并不是罗列一般的通常的操作工艺、施工方法以及日常安全工作制度、安全纪律等。这些制度性规定，安全技术措施中不必抄录，但必须严格执行。

（4）对大型群体工程或一些工程量大且结构复杂的重点工程，除必须在施工组织总设计中编制施工安全技术总体措施外，还应编制单位工程或分部分项工程安全技术措施，详细地制定出有关安全方面的防护要求与措施，确保该单位工程或分部分项工程的安全施工。对爆破、吊装、水下、深基坑、支模、拆除等大型特殊工程，都要编制单项安全技术方案。此外，还应编制季节性施工安全技术措施。

总之，应根据工程施工的具体情况进行系统分析，选择最佳施工方案，编制有针对性的安全技术措施。

2. 贯彻执行安全技术措施的要求

必须明确：经过批准的安全技术措施具有技术法规的作用，必须认真贯彻执行，遇到因条件变化或考虑不周必须变更安全技术措施内容时，应经由原编制、审批人员办理变更手续，否则不能擅自变更。

（1）要切实并认真做好安全技术措施的交底工作

在施工准备阶段、工程开工前，总工程师或技术负责人应将工程概况、施工方法、操作要求、安全技术措施与要求向参加施工的工地负责人、工长、安全员和职工进行安全技术交底。对技术措施中的具体内容和施工要求，向工地负责人、工班长、安全员作详细交底，并组织讨论，有的还应组织训练，使执行者明白道理，懂得和掌握具体作业，了解要消除的隐患及防护的方法，使执行者有坚定的安全信念，为安全技术措施的落实打下基础。安全交底应有书面材料，有双方的签字和交底日期。

（2）安全责任落实

安全技术措施中的各种安全设施、防护设置的实施应列入施工任务单，责任落实到班组或个人，并实行验收制度。

（3）加强实施情况的检查

技术负责人、编制者和安全技术人员、安全员，要经常深入工地检查安全技术措施的实施情况，及时纠正违反安全技术措施的行为、问题，并对安全技术措施视情况作及时的补充和修改，使之更加完善和有效。各级安全部门要以施工安全技术措施为依据，以发全法规和各项安全规章制度为准则，经常性地对各工地实施情况进行检查，并监督各项安全措施的落实，如发现问题，应及时研究、解决或向上级汇报。

（4）对安全技术措施的执行情况，除认真监督检查外，还应建立必要的与经济挂钩的奖罚制度。

（5）应做好安全检查记录，做好建档工作。

3. 安全检查的要求

（1）安全检查的目标

1）预防伤亡事故或者说把事故降下来，把伤亡事故频率和经济损失率降到低于社会容许的范围，达到国际同行业的先进水平。

2）不断改善生产条件和作业环境，达到最佳安全状态。但是，由于安全与施工生产是同时存在的，因此危及劳动者的不安全因素也同时存在，事故的致因也是复杂和多方面的。为此，必须通过安全检查对施工生产中存在的不安全因素进行预测、预报和预防。

（2）安全检查的内容

检查内容主要应根据施工生产的特点，制定检查项目、标准。概括起来，主要是查思想、查制度执行情况、查机械设备的安全性、查安全设施完善性和可靠性、查安全教育培训的效果、查操作行为的规范性、查劳保用品合格性及发放是否符合标准、查伤亡事故的处理等。

（3）安全检查的要求

1）配备人员

各种安全检查均应根据检查的要求配备力量，特别是大范围、全面性的安全检查，要明确检查负责人，并抽专业人员参加，作出分工，明确检查内容、标准及要求。

2）明确检查目的、项目、内容及标准

每种安全检查均应有明确的检查目的、项目、内容及标准，重点、关键部位（"保证项目"）要重点检查。对大面积或数量多的相同内容的项目可采取系统的观感和一定数量的测点相结合的检查方法。检查时，尽量采用检测工具，用数据说话。对现场管理人和操作工人不仅要检查是否有违章指挥和违章作业行为，还应进行应知应会知识的抽查，以便了解管理人员及操作工人的安全素质。

3）检查记录要真实、可靠

检查记录是安全评价的依据，因此必须认真、详细，特别是对隐患的记录必须具体，如隐患的部位、危险性程度及处理意见等。检查记录必须真实、可靠。

4）做好安全评价工作

安全检查后，对结果应进行系统的、认真的分析，采用定性和定量的方法进行安全评价。哪些项目已达标或基本达标，哪些方面需要改进、补充、完善，哪些未达标，存在哪些问题需要整改等。受检单位（若系本单位自检也需作安全评价）根据安全评价，研究和采取有针对性的对策进行整改，加强管理。

5）认真做好整改工作

整改是安全检查工作重要的组成部分，是检查结果的归宿。整改工作包括：

①隐患登记，分析研究，找出不安全因素特别是关键因素（最危险因素）及相应的对策，提出有针对性的、可靠而有效的措施，以消除隐患。

②实施整改。按照提出的对策和措施实施。

③复查。实施整改之后，组织进行复查，检查所采取的对策与措施的效果，如果达到了控制安全目标的要求，即可销案。

4.2 场内交通及水电设施的安全要点

（1）场内道路应布局合理，经常维修，使其使用质量保持要求的水平，保证畅通，载重车辆通过较多的道路，其弯道半径一般不小于15m，特殊情况不得小于10m，手推车道路的宽度不小于1.5m。急弯及陡坡地段应设置明显交通标志。与铁路交叉处应设置专人照管，并设置信号装置和落杆。

（2）靠近河流和陡壁处的道路，应设置护栏和明显警告标志。

（3）场内行驶斗车、平车的轨道应平坦顺直，纵坡不得大于3%，车辆应装制动闸，铁路终点应设置倒坡和车挡。车辆制动闸必须始终保持有效、良好状态，应经常检试。

（4）生产生活用水应进行鉴定，其水质必须符合国家现行标准，对水源应采取保护措施，防止水质污染。由于公路工程施工中生产生活用水很多情况下并非是自来水厂生产的自来水，因此，为确保人的安全，应要求采取洁水处理措施，使水质符合现行国家标准，并保护好水源。同时供水量必须满足生产生活用水的要求，并应考虑消防用水便利和需要。

（5）场内架设的临时线路必须用绝缘物支持并应稳固，不得将电线缠绕在钢筋、树木或脚手架上。

（6）电工在接近高压线操作时，其安全距离为：10kV以下不得小于0.7m；20～35kV不得小于1m；44kV不得小于1.2m。否则，必须停电后，方可操作。

（7）场内架设的临时线路应绝缘良好，悬挂高度及线间距必须符合电业部门的安全规定。

（8）各种电器设备应配有专用开关，室外使用的开关、插座应外装防水箱并加锁，在操作处加设绝缘垫层，以确保使用安全。

（9）在三相四线制中性点接地供电系统中，电器设备的金属外壳应做接零保护；在非三相四线制供电系统中，电器设备的金属外壳应做接地保护，其接地电阻应不大于4Ω，并不得在同一供电系统上有的接零有的接地。

（10）各种电器设备的检查维修，一般应停电作业；如必须带电作业时，应有可靠的安全措施并派专人监护。

（11）工地安装变压器必须符合电业部门的要求，并设专人管理。施工用电要尽量保持相互平衡。

（12）现场的变（配）电设备处，必须有灭火器材和高压安全工具。非电工作人员严禁接近带电设备。

（13）使用高温灯具，要防止失火，其与易燃物的距离不得小于2m，一般电灯泡距易燃物品不得小于50cm。

（14）移动式电气机具设备应用橡胶电缆供电，并经常注意理顺；跨越道路时，应埋入地下或做穿管保护。

（15）遇有雷雨天气不得爬杆带电作业，在室外无特殊防护装置时必须使用绝缘拉杆拉闸。

（16）施工现场的临时照明，应满足：

1）室内照明线路应用瓷夹固定。

2）电线接头应牢固，并用绝缘胶带包扎。

3）熔断器应按用电负荷量装设。

（17）能产生大量蒸汽、气体、粉尘等的工作场所应使用密闭式电气设备。有爆炸危险的工作场所应使用防爆型电气设备。

（18）电气设备的传动带、转轮、飞轮等外露部位必须安设防护罩。

（19）检修电气设备时，应按下列要求进行：

1）电气设备的检修必须由电工进行，他人不得任意操作。

2）工作中如遇停电应拉下开关，切断电源；检修结束必须仔细检查各项设备的情况，没有异常，方可开闸。

3）大型电气设备检修应在切断电源、设好防护后进行，并在开关处设置警示标牌，工作完成后才能拆除；如需进行送电试验时，必须在认真检查并与有关部门联系后，方可进行。

4.3　施工机械的安全要点

随着土木工程施工机械化的发展，施工机械的品种和数量越来越多，科技含量也越来越高，因此，必须重视施工机械的安全要求。

（1）操作人员在工作中不得擅离岗位，不得操作与本人所获得的操作证不相符合的机械，不得将机械设备交给无本机种操作证的人员操作，以确保人的安全和机械的完好。

（2）操作人员必须按照本机说明书规定，严格执行工作前的检查制度和工作中注意观察及工作后的检查保养制度。

工作前应检查：

1）工作场地周围有无妨碍工作的障碍物。如有，应在开工前进行妥善处理。

2）油、水、电及其他保证机械设备正常运转的条件是否完备。

3）安全、操作机构是否灵活可靠。

4）指示仪表、指示灯显示是否正常可靠。

5）油温、水温是否达到正常使用温度。

工作中应观察：

1）指示灯和仪表、工作和操作机构有无异常。

2）工作场地有无异常变化。

工作后应进行检查保养：

1）工作机构有无过热、松动或其他故障。

2）参照例行保养规定进行例保作业。

3）做好下一班的准备工作。

4）填写好机械操作履历表。

（3）驾驶室或操作室内应保持整洁，严禁存放易燃、易爆物品。

（4）严禁酒后操作机械，严禁机械带故障运转或超负荷运转。

（5）机械设备在现场停放时，应选择安全的停放地点，关闭好驾驶室（操作室），要拉上驻车制动闸。坡道上停车时，要用三角木或石块抵住车轮。夜间应有专人看管。

（6）用手柄启动的机械应注意防止手柄倒转伤人，向机械内加油时，附近应严禁烟火。

（7）柴、汽油机的正常工作温度应保持在 60～90℃之间，温度在 40℃以下时不得带负荷工作。

（8）对用水冷却的机械，当气温低于 0℃时，工作后应及时放水，或采取其他防冻措施，以防冻裂机体。

（9）放置电动机的地点必须保持干燥，周围不得堆放杂物和易燃品。启动高压电开关及高压电机时，应戴绝缘手套，穿绝缘胶鞋。

5 基础工程施工安全技术

5.1 桩基工程施工

5.1.1 静力压桩

（1）吊桩时应有溜缆配合，避免碰撞。

（2）高空作业人员严禁搭乘压梁上下。

（3）绕鬈要或围绳的操作人员须戴帆布手套严禁用纱手套，并且手应离开鬈头或围绳桩60cm以上，防止轧伤。

（4）钢丝绳如有绞绕，必须将钢丝绳放直后再进行工作。

（5）绕鬈头或围绳时，如发现克索，应立即通知停车，解开克索后才能继续作业。严禁停车前用手直接去拉钢丝绳。

5.1.2 灌注桩

1. 一般要求

（1）场地应平整、坚实松软地段应铺垫加固；

（2）进入施工现场应戴好安全帽，登高作业时应系好安全带；

（3）成孔机电设备应有专人负责管理，凡上岗者均应持操作合格证；

（4）电器设备要设漏电开关，并保证接地有效可靠；

（5）登高检修与保养的操作人员，必须穿软底鞋并将鞋底淤泥清除干净。

2. 施工安全要求

（1）冲击成孔作业的落锤区应严加管理，任何人不得进入。

（2）主钢丝绳要经常检查，三股中发现断挫数大于10丝时，应及时更换。

（3）使用伸缩钻杆作业时，要经常检查限位结构，严防脱落伤人或落入孔洞中。检查时应避免用手指伸入探摸，严防轧伤。

（4）钻杆与钻头的连接应经常检查，防止松动脱落伤人。

（5）使用取土筒钻孔作业时，要注意卸土作业方向，操作人员应站在上风，防止卸土时底盖伤人。

（6）钻孔后，应在孔口加盖板封挡，以免人或工具掉入孔中。

（7）采用泥浆护壁时，应及时清扫地上的浆液，做好防滑措施。

（8）吊置钢筋笼时，要合理选择吊点，并应拉好尾绳，保证平稳起吊，准确入孔，严防伤人。

5.1.3 人工挖孔桩

1. 一般要求

（1）人工挖土的顺序是：从上到下逐层开挖，先挖中间后挖周边，并按设计桩径加2倍护壁厚度控制截面尺寸，允许误差不超过30mm。

（2）扩底部分应先挖桩身圆柱体，再按扩底尺寸从上到下削土修成扩底形。

（3）弃土装入活底吊桶或箩筐内垂直运输，在孔口安装支架、人字轨道、电葫芦或搭三脚架，用10~20N慢速卷扬机提升解决。若桩孔较浅时，亦可用水吊架或木辘轳借粗麻绳提升。土吊至地面上后用机动翻斗车或手推车运出、同时应在孔口设水平移动式活动安全盖板，当吊桶提升别离地面约1.8m时是闭孔口，将手推车推至盖板上使吊桶中的土卸于车中推走，再开盖板下吊桶装土。采用电葫芦提升吊桶，桩孔四周应设安全栏杆。

（4）直径大于1.2m的桩孔开挖，应设护壁，挖一节浇一节混凝土护壁，以保孔壁稳定和操作安全。对直径较小不设护壁的桩孔，应采用钢筋笼护壁。用$\phi6$钢筋按桩孔直径作成圆形钢筋圈，随挖随下以间隔100mm固定在孔壁上，并用1:2快硬早强水泥砂浆抹孔壁，厚度约3mm，形成钢筋护壁以确保人身安全。

（5）孔内严禁放炮，以防振塌土壁或振裂护壁造成事故。

（6）人员上下可利用吊桶，但要另配滑车、粗绳或绳梯，以供停电时应急使用。

（7）随时加强对土壁涌水情况的观察，发现异常情况，应及时采取处理措施，对于地下水要采取随挖随用吊桶（用土堵缝隙）将泥水一起吊出。若为大量渗水，可在一侧挖集水坑用高扬程潜水泵排出桩孔外。

（8）多桩孔开挖时，应采用间隔挖孔方法，以减少水的渗透和防止土体滑移。

（9）已扩底的桩，要尽快浇灌桩身混凝土，不能很快浇灌的桩，应暂不扩底以防扩大塌方。

2. 施工安全要求

（1）参加挖孔的工人事先必须检查身体，凡患精神病、高血压、心脏病、癫痫病及聋哑等人不能参加施工。

（2）非机电人员，不允许操作机电设备，如翻斗车、搅拌车、电焊机和电葫芦等。

（3）每天上班前及施工过程中，应随时注意检查辘轳轴、支腿、绳、挂钩、保险装置和吊桶等设备的完好程度。发现有破损的现象时，应及时修复或更换。

（4）现场施工人员必须戴安全帽。井下人员工作时井上配合人员不能擅离职守。孔口边1m范围内不得有任何杂物，堆土应离孔口边1.5m以外。

（5）井孔上下应设置可靠的通话联络设备，如对讲机等。

（6）挖孔作业进行中，当人员下班休息时，必须盖好孔口，或设800mm高以上的护身栏。

（7）正在开挖的井孔，每天上班工作前，应对井壁、混凝土支护以及井中空气等进行检查。发现异常情况应在采取安全措施后，方可继续施工。

（8）井底需抽水时，应在挖孔作业人员上地面以后再进行。

（9）夜间一般禁止挖孔作业，如遇特殊情况需要夜班作业时，必须经现场负责人同意，并有安全员在现场指挥和进行安全检查与监督。

（10）井下作业人员连续工作时间，不宜超过4h，应及时轮换。

（11）通风、照明要求：

挖井至4m以下时，需用可燃气体测定仪，检查孔内作业面是否有沼气。若发现有沼气应妥善处理后方可作业。下井前，应对井孔内气体进行抽样检查。发现有毒气体含量超过允许值时，应将毒气清除后，并不致再产生毒气时，方可下井工作。上班前，先用鼓风机向孔底通风，必要时送氧气，然后再下井作业。在其他有毒物质存放区施工时，应先检查有毒物质对人体的伤害程度，再确定是否采用人工挖孔方法。

井孔内应设100W防水带罩灯泡照明，并采用12V的低电压用防水绝缘电缆引下。井上现场可用24V低压照明。现场用电均应安装漏电装置。

5.2 基坑支护

5.2.1 板式支护体系

1. 钻孔灌注桩维护墙支护结构

（1）钻孔灌注桩排桩墙的单桩纵向受力钢筋宜沿界面均匀对称布置，按受力大小沿深度分配设置。钢筋笼的箍筋宜采用直径6~8mm的螺旋箍筋，间距200mm×300mm；加强箍筋应焊接封闭，间距宜取2.0m，直径12~14mm。

（2）钻孔灌注排桩的混凝土设计强度等级不应小于C20，主筋混凝土保护层厚度不宜小于50mm。

（3）钻孔灌注排桩的外侧应设置防渗帷幕。防渗帷幕应贴近围护桩，其净距离不宜大于150mm。防渗帷幕的深度按坑底垂直抗渗流稳定性验算确定，其底部宜进入不透水土层。

（4）防渗帷幕宜采用连续搭接的水泥土搅拌桩，其搭接长度不宜小于200mm。防渗帷幕的厚度根据基坑开挖深度、土层条件、环境保护要求等综合考虑确定。并与桩顶圈梁整浇成一体。当土层渗漏性大于或环境保护要求较严实时，宜在搅拌桩与灌注桩之间注浆。当浅部底层有较厚的沙土或粉性土等时，可采用灌注桩套打在搅拌桩里的措施，提高承桩质量和防渗性能。

（5）钻孔灌注桩排桩的桩顶宜设置钢筋混凝土圈梁并兼做职称围。桩内主筋锚入圈梁的长度由计算确定。

2. SMW工法围护墙支护结构

SMW工法施工技术必须注意以下问题：

（1）施工现场应设置专职检查人员，检查复核桩机、桩架的定位，钻孔的深度和速度水泥浆液的搅拌操作规范及水灰比。

（2）在开钻前应充分了解地下障碍物情况，并将障碍物清除干净。同时，做好设备的检查保养工作，确保设备良好运行，并备足设备维修人员及易损耗配件，确保施工连续进行。

（3）由于一意外的因素如遇障碍物或设备故障而导致长时间间隔出现施工冷缝，并在该部位引起渗漏时，应对冷缝处进行适当的加固补强，在外围增设素水泥土搅拌桩，并与主体围护桩紧密搭接，确保 SMW 工法围护结构强度及抗渗性能。

（4）桩机移位、开钻、提升由现场指挥负责。开钻前，应检查桩机平稳性，确认桩架固定端正、垂直后，方可下达操作命令。

（5）严格控制钻管下钻、提升的速度。若出现往浆孔堵塞或断浆现象，应及时停泵排除故障后，再采取有效的措施进行复喷浆，严防断桩、空桩。

（6）做好对 SMW 工法支撑轴力、地下水位、基坑水平位移、地表沉降等参数的检测工作，并根据监测数据的变化，及时调整施工参数，控制支撑间距、支撑轴力大小、开挖流程等，以确保基坑的变形始终处于受控状态。

（7）严格控制 H 型钢的质量和焊接质量，凡变形扭曲严重、外表有明显裂纹、锈蚀磨损严重的 H 型钢均不得使用，同时对已多次反复使用、外观检查状况良好的 H 型钢进行一定比例的探伤检查。

（8）在插入 H 型钢时要采取有效措施确保导沟开挖后放线定位的准确性，导沟上设置的定位导向型钢支架要有足够的刚度和稳定性，在 H 型钢插放过程中真正起到定位导向作用，确保 H 型钢定位、垂直度控制准确。

（9）在拨出 H 型钢时应注意对周围建筑物、构筑物、地下管线等的保护。若附近有重要建筑物、构筑物或地下管线时，应向拔出 H 型钢后的空洞内注入水泥浆，使土体密实，以减少对周围建筑物、构筑物或地下管线的影响。

（10）为保持工作连续性，严禁钻管下钻、提升中途进行换岗接班，建立交接班记录制度。

3. 地下连续墙做围护墙支护结构

（1）地下连续墙作围护墙、内设支撑体系所形成的支护结构是常见的一种基坑支护形式。

（2）地下连续墙单元槽段的平面形状，有一字形、L 形、T 形以及多边形等。单元槽段的平面形状和成槽长度，根据墙段的结构受力特性、槽壁稳定性、环境条件和施工条件等因素，由计算确定。现浇钢筋混凝土一字形槽段的成槽长度通常为 6～8m。

（3）现浇钢筋混凝土的常用墙厚为 600～800mm，预制钢筋混凝土的墙厚不宜大于 5mm。

（4）地下连续墙围护结构的墙顶通常设置钢筋混凝土顶圈梁，围檩可采用钢筋混凝土或型钢结构。顶圈梁和围檩必须与地下连续墙可带固定。

（5）地下连续墙施工作业的安全要求：

1）各工种必须严格遵守本工种的安全操作规程，每日上岗施工前应做好交底工作；

2）连续墙施工时，吊机吊物须由专人指挥，严格遵守"十不吊"规定；

3）起吊钢筋笼时，拔杆方向及钢筋笼下方严禁站人；

4）严禁用吊车强行起拔锁口管；

5）地下墙施工时必须在泥浆池边设栏杆，并标有醒目标志，防止人、物掉入泥浆池；

6）吊车作业时禁止将起吊的物体凌空于人行道和周围建筑物上空；

7）施工现场的明火作业必须执行审批制度，配备专职的消防巡视员，在主要施工地点设立醒目的防火警告标志。

5.2.2 多层地下室结构逆作法基坑支护

（1）多层地下室结构逆作法基坑支护是指在多层地下室结构施工时，利用地下连续墙作基坑的围护墙，围护墙与主体地下室结构的外墙相结合，并利用主体地下室结构的梁板作为围护结构的内支撑。主体地下室结构采用逆作法施工。

（2）逆作法施工应严格按照设计要求，编制详细的施工组织设计，作为维护墙支撑与围檩体系的地下主体结构的内墙和楼层梁板，应待混凝土达到设计强度后，才能进行其下部的土方开挖。

（3）施工程序和施工工况应与设计工况相一致。土方开挖应严格按照均匀、分层的原则进行，严禁超挖。与地面主体结构平行施工时，应均衡协调，主体结构与立柱的受力和沉降应符合设计要求。

（4）按设计要求合理确定土方开挖和运输方式。当采用机械下坑开挖时，严禁机械碰撞立柱。当设置临时施工栈桥和平台时，应进行专门的设计。

（5）混凝土向下逆作施工构件的底模，应具有足够的强度和刚度，防止构件施工时的变形和裂缝。

（6）施工期间使用的竖向支撑立柱，应在主体地下结构形成整体并待地下主体结构的受力符合设计要求后才能拆除。

（7）逆作法施工是在封闭的环境中进行的，挖土后所产生的空间的空气不流通，同时有可能出现有害气体，因此必须采取有效的通风措施。在各层地下室楼板上预留通风口，用大功率轴流风机排风，在抽排的同时，新鲜空气由取土口进入。排风方向最好能与土方掘进方向一致，因此除地下室楼板上应预留通风口外，板底尚应留通风沟。

（8）处于地下封闭环境之逆作法的施工用电，必须考虑潮湿或地下水的影响，其动力、照明线路应设专用的防水线路，并利用楼面结构，在楼板混凝土中预埋电线并架空在楼板底下。

（9）预留的取土口洞边必须设置固定的防护栏杆。

5.3 基坑工程土方开挖

5.3.1 斜坡开挖

（1）使用时间较长的临时性挖方，土坡坡度要根据工程地质和土坡高度，结合当地同类土体的稳定坡度值确定。

（2）土方开挖宜从上到下分层分段一次进行，并随时做成一定的坡势以利泄水，且不应在影响边坡稳定的范围内积水。

（3）在斜坡上方弃土时，应保证挖方边坡的稳定，弃土堆应连续设置，其顶面应向外倾斜，以防山坡水流入挖方场地。但坡度陡于 1/5 或软土地区，禁止在挖方上侧弃土。在挖方下侧弃土时，要将弃土堆表面整平，并向外倾斜，弃土表面要低于挖方场地的设计标高。或在弃土堆与挖方场地间设置排水沟，防止地面水流入挖方场地。

5.3.2　滑坡地段开挖

（1）施工前先了解工程地质勘察资料、地形、地貌及滑坡迹象等情况。

（2）不宜在雨季施工，同时不应破坏挖方上坡自然植被，并要事先做好地面和地下排水设施。

（3）遵循先整治后开挖的工序，在开挖时，须遵循由上到下的开挖顺序，严禁先切除坡脚。

（4）爆破工时，严防因爆破震动产生滑坡。

（5）抗滑挡土墙要尽量在旱季施工，基槽开挖应分段跳槽进行，并加设支撑。开挖一段就要将挡土墙筑好一段。

（6）开挖过程中如发现滑坡迹象（如裂缝、滑动等）时，应暂停工，必要时所有人员和机械都要撤至安全地点。

5.3.3　基坑（槽）和管沟开挖

（1）施工中应防止地面水流入坑、沟内，以免边坡塌方。

（2）挖掘基坑时，当坑底无地下水，坑深在 5m 以内，且边坡坡度符合表 5-1 规定时，不可加支撑。

（3）当挖土深度超过 5m 或发现有地下水以及土质发生特殊变化等情况时，应根据土的实际性能计算其稳定性，再确定边坡坡度。

（4）当天然冻结的速度和深度能确保挖方的安全操作时，对深度 4m 以内的基坑（槽），开挖时可采用天然冻结法垂直开挖而不加设支撑。但在干燥的砂土中应严禁采用冻结法施工。

（5）采用钢（木）坑壁支撑时，要随挖随撑必须支撑牢固，且在整个施工过程中应经常检查，如有松动、变形等现象，要及时加固或更换。

（6）钢（木）支撑的拆除，要按回填顺序依次进行。多层支撑应自下而上逐层拆除随拆随填。

（7）在坑边堆放弃土、材料和移动施工机械时，应与坑边保持一定的距离。当土质良好时，要距坑边 0.8m 以外，堆放高度不能超过 1.5m。

（8）人工开挖时，作业人员的操作间距应保持 2~3m，并应自上而下逐层挖掘，严禁采用掏洞的挖掘方法。

（9）挖土时应随时注意土壁的变动情况，如发现有裂纹或部分塌落现象，要及时进行支撑或改缓放坡，并注意支撑的稳固和边坡的变化。

（10）上下坑沟应先挖好阶梯或设木梯，不应踩踏土壁及其支撑上下。

（11）用挖土机施工时，在挖土机的工作范围内，不得进行其他工作，且应至少留0.3m深不挖，改由人工挖至设计标高。

5.3.4 软土地区开挖

（1）施工前要做好地面排水和降低地下水位的工作。采用人工降水时，要降至坑底0.5~1.0m时，方可开挖；采用明排水时可不受此限。

（2）相邻基坑和管沟开挖时，要先深后浅，并及时筑好基础。

（3）挖出的土不要堆放在坡顶上，要立即转运至规定的距离以外。

5.3.5 膨胀土地区开挖

（1）开挖前要做好排水工作，防止地表水、施工用水和生活废水浸入施工现场或冲刷边坡。

（2）开挖后的基坑不能受烈日曝晒或雨水浸泡。

（3）开挖、垫层及基础施工、回填土等要连续进行。

（4）采用砂地基时要先将砂浇水至饱和后再铺填夯实，不能用在基坑（槽）或管沟内采用浇水使砂沉落的方法施工。

5.3.6 坑壁支撑

采用钢板桩、钢筋混凝土预制桩或钢筋混凝土灌注桩作坑壁支撑时，要符合下列规定：

（1）应尽量减少打桩时对邻近建筑物和构筑物的影响。

（2）当土质较差时，宜采用啮合式板桩。

（3）采用钢筋混凝土灌注桩时，要在桩身混凝土达到设计强度后，方可开挖。

（4）在桩身附近挖土时，不能伤及桩身。

采用钢板桩、钢筋混凝土桩作坑壁支撑并设有锚杆时，要符合下列规定：

（1）锚杆宜选用螺纹钢筋，使用前应清除油污和浮锈，以便增强粘结的握裹力。

（2）锚固段应设置在稳定性较好的土层或岩层中，长度应大于或等于计算规定。

（3）钻孔时不应损坏已有管沟、电缆等地下埋设物。

（4）施工前需测定锚杆的抗拔拉力，经验证可靠后方可施工。

（5）锚固段要用水泥砂浆灌注密实，并应经常检查锚头是否紧固及锚杆周围的土质情况。

5.3.7 土壁支撑

（1）浅基坑（挖深5m以内）的土壁支撑形式（表5-1）。

（2）深基坑的土壁支撑形式（表5-2）。

浅基坑的土壁支撑形式

表 5-1

支撑名称	适用范围	支撑简图	支撑方法
间断式水平支撑	干土或天然湿度的黏土，深度在 2m 以内		两侧挡土板水平放置，用撑木加木楔顶紧，挖一层土支顶一层
断续式水平支撑	挖掘湿度小的黏性土及挖土深度小于 3m 时		挡土板水平放置，中间留出间隔，然后两侧同时对称立上竖木方，再用工具式横撑上下顶紧
连续式水平支撑	挖掘较潮湿的或散粒的土及挖土深度小于 5m 时		挡土板水平放置，相互靠紧，不留间隔，然后两侧同时对称立上竖木方，上下各顶一根撑木，端头加木楔顶紧
连续式垂直支撑	挖掘松散的或湿度很高的土（挖土深度不限）		挡土板垂直放置，然后每侧上下各水平放置木方一根，用撑木顶紧，再用木楔顶紧
锚拉支撑	开挖较大基坑或使用较大型的机械挖土，而不能安装横撑时		挡土板水平顶在柱桩的内侧，柱桩一端打入土中，另一端用拉杆与远处锚桩拉紧，挡土板内侧回填土
斜柱支撑	开挖较大基坑或使用较大型的机械挖土，而不能采用锚拉支撑时		挡土板水平钉在柱桩的内侧，柱桩外侧由斜撑支牢，斜撑的底端只顶在撑桩上，然后在挡土板内侧回填土
短柱横隔支撑	开挖宽度大的基坑，当部分地段下部放坡不足时		打入小短木桩，一半露出地面，一半打入地下，地上部分背面钉上横板，在背面填土
临时挡土墙支撑	开挖宽度大的基坑，当部分地段下部放坡不足时		坡角用砖、石叠砌或用草袋装土叠砌，使其保持稳定
表中图注	1—水平挡土墙；2—垂直挡土墙；3—竖木方；4—横木方；5—撑木；6—工具式横撑；7—木楔；8—柱桩；9—锚桩；10—拉杆；11—斜撑；12—撑桩；13—回填土；14—装土草袋		

深基坑的土壁支撑形式   表 5-2

支撑名称	适用范围	支撑简图	支撑方法
钢构架支撑	在软弱土层中开挖较大、较深基坑，而不能用一般支撑方法时		在开挖的基坑周围打板桩，在柱位置上打入暂设的钢柱，在基坑中挖土，每下挖 3~4m，装上一层幅度很宽的构架式横撑，挖土在钢构架网格中进行
地下连续墙支撑	开挖较大较深，周围有建筑物、公路的基坑，作为复合结构的一部分，或用于高层建筑的逆作法施工，作为结构的地下室外墙		在开挖的基槽周围，先建造地下连续墙，待混凝土达到设计强度后，在连续墙中间用机械或人工挖土，直到要求的深度。对跨度、深度不大时，连续墙刚度能满足要求，可不设内部支撑。用于高层建筑地下室逆作法施工，每下挖一层，把下一层梁板柱浇筑完成，以此作为连续墙的水平框架支撑，如此循环作业，直到地下室的底层全部挖完土，浇筑完成
地下连续墙锚杆支撑	开挖较大、较深（>10m）的大型基坑，周围有高层建筑，不允许支撑有较大变形，采用机械挖土，不允许内部设支撑时		在开挖基坑的周围，先建造地下连续墙，在墙中间用机械开挖土方至锚杆部位，用锚杆钻机在要求位置凿孔，放入锚杆，进行灌浆，待达到设计强度后装上锚具，然后继续下挖至设计深度。如设有 2~3 层锚杆，每挖一层装一层锚杆，采用快凝砂浆灌浆
挡土护坡柱支撑	开挖较大、较深（>6m）基坑，邻近有建筑物，不允许支撑有较大变形时		在开挖基坑的周围。用钻机钻孔，现场浇筑钢筋混凝土灌注桩，待达到设计强度后，在中间用机械或人工挖土，下挖 1m 左右，装上横撑，在桩背面已挖沟槽内拉上锚杆，并将它固定在已预先灌注的锚桩上拉紧，然后继续挖土至设计深度，在桩中间土方挖成向外拱形，使其起土拱作用。如邻近有建筑物，不能设置锚拉杆，则采取加密桩距或加入桩径进行处理
挡土护坡桩与锚杆结合支撑	开挖大型较深基坑，邻近有高层建筑，不允许支撑有较大变形时		在开挖基坑的周围钻孔，浇筑钢筋混凝土灌注桩，达到设计强度后，在桩中间沿桩垂直挖土，挖到一定深度后，安上横撑，每隔一定距离向桩背面斜下方用锚杆钻机打孔，在孔内放钢筋锚杆用水泥压力灌浆达到强度后，拉紧固定，在桩中间进行挖土直至设计深度。如设两层锚杆，可挖一层，装设一次锚杆
板桩中央横顶支撑	开挖较大、较深基坑，板桩刚度不够，又不允许设置过多支撑时		在基坑周围先打板桩或灌注钢筋混凝土护坡桩，然后在内侧放坡挖中央部分土方到坑底，先施工中央部分框架结构至地面，然后再利用此结构做支撑，向板桩支水平横顶梁，再挖去放坡的土方，每挖一层，支一层横顶梁，直至坑底，最后建造靠近板桩部分的结构

续表

支撑名称	适用范围	支撑简图	支撑方法
板桩中央斜顶支撑	开挖较大、较深基坑，板桩刚度不够，坑内又不允许设置过多支撑时		在基坑周围打板桩或灌注护坡桩，在内侧放坡开挖中央部分土方至坑底，并先灌筑好中央部分基础，再从这个基础向板桩上方斜顶梁，然后再把放坡的土方逐层挖出运出，每挖一层，支一道斜顶撑，直至设计深度，最后建靠近板桩部分地下结构
分层板桩支撑	开挖较大、较深基坑，当主体结构与群房基础标高不等而又无重型板桩时		在开挖群房基础时，周围先打钢筋混凝土板桩或钢板支撑，然后在内侧普遍挖土至群房基础底标高，再在中央主体结构基础四周打二级钢筋混凝土板桩或钢板桩，挖主体结构基础土方，施工主体结构至地面，最后施工群房基础，或边继续向上施工主体结构，边分段施工群房基础
表中图注	1—钢板桩；2—钢横撑；3—钢撑；4—钢筋混凝土地下连续墙；5—地下室梁板；6—土层锚杆；7—直径400~600mm现场钻孔浇筑钢筋混凝土灌注桩，间距1~1.5m；8—斜撑；9—连系杆；10—先施工框架结构或设备基础；11—后挖土方；12—后施工结构；13—锚筋；14——一级混凝土板桩；15—二级混凝土桩；16—拉杆；17—锚桩		

（3）人工开挖大孔径桩的土壁支撑形式（表5-3）。

人工开挖大孔径桩的土壁支撑形式　　　　表5-3

支撑名称	适用范围	支撑简图	支撑方法
混凝土或钢筋混凝土支撑	天然湿度的黏土，地下水较少，地面荷载较大，深度6~30m的圆形护壁或人工挖孔桩护壁		每挖深1m，支模板，绑钢筋，浇一节混凝土护壁，再挖深1m，拆上节模板，支下节模板，再浇下节混凝土，循环作业直至设计深度。钢筋搭接或焊接，浇灌口处多出护壁内表面的混凝土，待终凝后敲去
锥式混凝土或钢筋混凝土支撑	天然湿度的黏土、砂类土，无地下水或地下水较少，深度6~30m的圆形护壁或人工挖孔桩护壁		每挖深1~1.2m，支模板，绑钢筋，锥形上口内径为设计桩径，浇一节，再挖一节，拆上节模板，支下节模板。并浇筑混凝土，如此循环作业直至设计深度。每个锥形台阶可供操作人员上下工作用
表中图注	1—主筋φ6@200或φ8@250mm；2—水平筋φ6@180或φ8@200mm；3—混凝土浇灌口；4—坡度 $i=1\%$		

5.4 基坑降水的一般原则

基坑降水应遵循以下一般原则：

（1）黏性土地基中，基坑开挖深度小于 3m 时，可采用重力排水；开挖深度超过 3m 时，宜采用井点降水。

（2）砂性土地基中，基坑开挖深度超过 2.5m 时，宜采用井点降水。

（3）降水深度超过 6m 时，宜采用多级轻型井点或喷射井点降水，也可采用深井井点降水，或在深井井点中加设真空泵的综合降水方法。

（4）放坡开挖或无隔水帷幕围护的基坑，降水井点宜设置在基坑外；有隔水帷幕围护的基坑，降水井点宜设置在基坑内。降水深度应不大于隔水帷幕的设置深度。

（5）基坑内降水，其降水深度应在基坑底以下 0.5 ~ 1.0m 之间，且宜设置在透水性较好的土层中。

（6）井点降水应确保砂滤层的施工质量，以保证抽水效果，且应做到出水常清。

（7）坑外降水，为减少井点降水对周围环境的影响，可在降水管与受保护对象之间设置回灌井点或回灌砂井、砂沟。

降水过程中应注意的问题有：

（1）土方开挖前，必须保证一定的预抽水时间，一般轻型井点不少于 7 ~ 10d，喷射井点或真空深井井点不少于 20d。

（2）井点降水设备的排水口因与坑边保持一定距离，防止排出的水回渗入坑内。

（3）降水过程必须与坑外水位观测密切配合，注意可能由于隔水帷幕渗漏在降水时影响周围环境。

（4）拔出井点管后的孔洞，应立即用砂土（或其他代用材料）填实。对于穿过不透水层进入承压含水层的井管，拔出后应用黏土球填衬封死，杜绝井管位置发生管涌。

5.5 基础施工的其他安全问题

5.5.1 基坑周边的防护措施

（1）在基坑围护顶部砌筑挡水坎，防止地面水流入基坑。

（2）基坑四周及栈桥临空面必须设置防护栏杆，栏杆高度不应低于 12m，不得擅自拆除、破坏防护栏杆。

（3）沿基坑适当布置上下基坑的爬梯，爬梯侧边设置护栏。

（4）严格控制坑边堆载。

（5）由于工程建设规模越来越大，基坑面积也越来越大，为图方便，不少操作者或行人往往在支撑上行走。若支撑上无任何措施，容易发生事故。因此，应合理选择部分支撑，采取一定的防护措施，作为坑内架空便道。其他支撑上一律不得行走，应采取措施将其封堵。

5.5.2 大体积混凝土施工措施中的防火安全

由于高层或超高层建筑基础底板厚度多数大于 1.0m，基础底板施工大多属于大体积混凝土施工。为避免大体积混凝土产生温差裂缝，在所采取的技术措施中，有一项措施就是用蓄热法来使混凝土表面与中心的温差控制在 25℃ 范围内，通常在混凝土表面先铺盖一层塑料薄膜，再覆盖 2~3 层干草包。要特别注意对大面积干草包的防火工作，不得用碘钨灯烘烤混凝土表面，同时周围应严禁烟火，并配备一定数量的灭火器材。

5.5.3 钢筋混凝土支撑爆破时的安全措施

钢筋混凝土支撑的爆破施工必须由取得消防主管部门批准的资质的企业承担，其爆破拆除方案必须经消防主管部门审批。爆破施工除按有关规范执行外，施工现场必须采取一定的防护措施，这些措施主要有：

（1）支撑量大时，要合理分块分批施爆，以减少一次爆破时使用的药量，减小噪声和震动；

（2）在所要爆破的支撑范围内搭设防护棚；

（3）在所要爆破的支撑三面覆盖几层湿草包或湿麻袋；

（4）必要时在基坑周边搭设防护挡板；

（5）选择适当的爆破时间，减轻噪声对周围居住或过往行人的影响。

5.6 顶管法施工的注意事项

（1）顶管前，根据地下顶管法施工技术要求，按实际情况，编制出符合标准规范的专项安全技术方案。

（2）顶管后座安装时，如发现后背墙面不平或顶进时枕木压缩不均匀，必须调整加固后方可施工。

（3）顶管工作坑采用机械挖上部土方时，现场应有专人指挥装车，堆土应符合有关规定，不得损坏任何构筑物和预埋立撑；工作坑如果采用混凝土灌注桩连续墙，应严格执行有关的安全技术规程；工作坑四周或坑底必须有排水设备及措施；工作坑内应设符合规定的安全梯；下管作业的全过程中，工作坑内严禁有人。

（4）吊装顶或钢管时，严禁在扒杆回转半径内停留；往工作坑内下管时，应穿保险钢丝绳，并缓慢地将管子送入导轨就位，以便防止滑落坠落或冲击导轨，同时坑下人员应站在安全角落。

（5）插管及止水盘根处理必须按操作规程要求，待工具管就位（应严格复测管道的中线和前、后端管底标高）并接长管道，安装水力机械、千斤顶、油泵车、高压水泵、压浆系统等设备全部运转正常后，方可开封插管顶进。

（6）垂直运输设备的操作人员，在作业前要对卷扬机等设备各部分进行安全检查，确认无异常后方可作业。作业时应精力集中，服从指挥，严格执行卷扬机和起重作业安全操作规定。

（7）安装后的导轨应牢固，不得在使用中产生位移、并应经常检查校核。两导轨应顺直、平行、等高，其纵坡应与管道设计坡度一致。

（8）在拼接管段前或因故障停顿时，应加强联系，及时通知工具管头部操作人员停止冲泥出土，防止由于冲吸过多造成塌方。在长距离顶进过程中，应加强通风。

（9）当因吸泥莲蓬头堵塞、水力机械失效等原因需要打开胸板上的清石孔进行处理时，必须采取防止冒顶塌方的安全措施。

（10）顶进过程中，油泵操作工应严格注意观察油泵车压力是否均匀渐增，若发现压力骤然上升，应立即停止顶进，待查明原因后方能继续顶进。

（11）管道的顶进或停止，应以工具管头部发出信号为准。遇到顶进系统发生故障或在拼管道前 20min，应发出信号给工具管头部的操作人员，引起注意。

（12）顶进过程中，一切操作人员不得在顶铁两侧操作，以防发生崩铁伤人事故。

（13）如顶进不是连续三班作业，在中班下班时，应保持工具管头部有足够多的土塞；若遇土质差、因地下水渗流可能造成塌方时，则应将工具管头部灌满以增大水压力。

（14）管道内的照明、电信系统应采用安全电压，每班顶管前电工要仔细检查各种线路是否正常，确保安全时光能够。

（15）工具管中的纠偏千斤顶应绝缘良好，操作电动高压油泵应戴绝缘手套。

（16）顶进中应有防毒、防燃、防爆、防水淹的措施。顶进长度超过 50m 时，应有预防缺氧、窒息的措施。

（17）氧气瓶与乙炔瓶（罐）不得进入坑内。

5.7 盾构施工的注意事项

（1）拼装盾构机的操作人员必须按顺序进行拼装，并对使用的起重索具逐一检查，认为可靠后方可吊装。

（2）严禁机械超负荷作业。发现盾构机械运转有异常或振动等现象时，应立即停机进行检查。

（3）电缆头的拆除与装配，必须在切断电源方可进行。

（4）操作盘的门严禁开着使用，防止触电事故。动力盘的接地线必须可靠，并经常检查，防止松动发生事故。

（5）禁止同时启动 2 台以上电动机。连续启动 2 台以上电动机时，必须在第一台电动机运转指示灯亮后，再启动下一台电动机。

（6）应定期对过滤器的指示器、油管、排放管等进行检查保养。

（7）开始作业时，应对盾构机各部件、液压系统、油箱、千斤顶、电压等仔细检查。

（8）盾构机出土皮带运输机，应设防护，并应由专人负责。

（9）装配皮带运输机时，必须清扫干净，在制动开关周围，不得堆放障碍物，并有专人操作，检修时必须停机断电。

（10）利用电瓶车作牵引时，司机必须经培训、考核合格持证驾驶；不准将手伸入电瓶车与出土车的连接处；车辆牵引时，应按照约定信号进行拖运。

（11）出土车应设专人指挥引车，严禁超载。在轨道终端，必须安装限位装置。

（12）门吊司机必须持证上岗，司索工对钢丝绳、吊钩经常检查，不得使用不合格的吊索具，严禁超负荷吊运。

（13）每天班前必须检测盾构机头部可燃气体的浓度，做好预测、预防和控制工作，并认真做好记录。

（14）要及时清除盾构机内部的油迹及零星可燃物。对乙炔、氧气要加强管理，严格执行动火审批制度及动火监护制度。在气压盾构施工时，严禁将易燃、易爆物品带入气压盾构施工区。

（15）在隧道工程施工中，土层采用冻结法加固时，必须以适当的观测方法测定温度，掌握上层的冻结状态，必须对附近的建筑物或地下埋设物及盾构隧道本身采取防护措施。

6 模板工程施工安全技术

6.1 模板的材质要求

6.1.1 钢模板及其支撑的材质要求

（1）钢材应符合现行国家标准《碳素结构钢》（GB/T 700—2006）、《低合金高强度结构钢》（GB/T 1591—2008）。

（2）钢管应采用现行国家标准《直缝电焊钢管》（GB/T 13793—2008）或《低压流体输送用焊接钢管》（GB/T 3091—2008）中规定的 3 号普通钢管，其质量应符合现行国家标准《碳素结构钢》（GB/T 700—2006）中 Q235A 级钢的规定。有严重锈蚀、弯曲、压扁及裂纹的不得使用。

（3）钢铸件应符合现行国家标准《一般工程用铸造碳钢件》（GB/T 11352—2009）中规定的 ZC200-420、ZC230-450、ZC230-450、ZC270-500 和 ZC310-570 号钢的要求。

（4）钢管扣件应符合现行国家标准《钢管脚手架扣件》（GB 15831—2006）的规定。

（5）连接用的焊条应符合现行国家标准《碳钢焊条》（GB/T 5117—2012）或《低合金钢焊条》（GB/T 5118—2012）中的规定，连接用的普通螺栓应符合现行国家标准《碳素结构钢》（GB/T 700—2006）中规定的 3 号钢的要求。

（6）组合钢模板及配件制作质量应符合现行国家标准《组合钢模板技术规范》（GB/T 50214—2013）的规定。

6.1.2 木模板及其支撑的材质要求

（1）木材应符合《木结构工程施工质量验收规范》（GB 50206—2012）中的承重结构选材标准，材质不宜低于Ⅲ等材。

（2）支撑木杆应使用松木或杉木，不得采用杨木、柳木、桦木、椴木等易变形开裂的木材。

（3）有腐朽、折裂、枯竭等弊病的木材不得使用。

（4）支撑木杆的连接结合，直采用钉、销或螺栓。钉子长度应为模板厚度的 2 ~ 2.5 倍。不宜采用铁丝或麻绳等绑扎。

6.1.3 铝合金的材质要求

建筑模板结构若采用铝合金型材时应采用纯铝加入锰、镁等合金元素后的铝合金型材。

6.1.4 面板的材质要求

（1）面板除采用钢、木外，可采用胶合板、复合纤维板、塑料板、玻璃钢板等。

（2）胶合板应符合《混凝土模板用胶合板》（GB/T 17656—2008）的有关规定。

（3）覆面木胶合板的规格和技术性能应符合下列规定：

1）厚度应为 12～18mm。

2）剪切强度应符合下列要求

①不浸泡，不蒸煮：$1.4～1.8 N/mm^2$；

②温室温水浸泡：$1.2～1.8 N/mm^2$；

③沸水煮24h：$1.2～1.8 N/mm^2$；

④含水率：5%～13%；

⑤密度：$4.5～8.8 kN/m^3$。

3）抗弯强度和弹性模量可查表取得。

6.2 模板的安装

6.2.1 模板安装的一般规定

（1）模板安装必须按专项施工方案和施工说明循序进行，对模板施工队伍进行全面详细的安全技术交底。必须使用合格的模板和配件。

（2）模板及其支撑在安装过程中，必须采取有效的防倾覆临时固定设施。

（3）模板安装作业高度超过 2.0m 时，必须搭设脚手架或平台。

（4）模板安装时，上下应有人接应，随装随运，严禁抛掷。不得将模板支搭在门窗框上，也不得将脚手板支搭在模板上，不能将模板与井字架、脚手架或操作平台连成一体。

（5）竖向模板和支架支承部分安装在基土上时，应加设垫板，如用钢管作支撑时，在垫板上应加钢底座。垫板应有足够强度和支承面积，并应中心承载。基土应坚实，并有排水措施，对湿陷性黄土应有防水措施。对特别重要的结构工程须采用防止支架柱下沉的措施。对冻胀性土应有防冻融措施。

（6）拼装高度为2m以上的竖向模板不得站在下层模板上拼装上层模板。安装过程中应设置足够的临时固定设施。若中途停歇，应将已就位的模板固定牢固。

（7）现浇钢筋混凝土梁、板，当跨度大于4m时，模板应起拱。当设计无具体要求时起拱高度可为全跨长度的 1/1000～3/1000。

（8）现浇多层或高层房屋、构筑物，安装上层模板及其支架应符合下列规定：

1）下层楼板应具有承受上层荷载的承载能力；

2）上层支架立柱应对准下层支架立柱，并于立柱底铺设垫板；

3）当采用悬臂吊模板、桁架支模方法时，其支撑结构的承载能力和刚度必须符合要求。

（9）当层间高度大于5m时，宜选用桁架支模或多层支架支模。当采用多层支架支模时，支架的横垫板应平整，支柱应垂直，上下层支柱应在同一竖向中心线上，其支柱不得超过两层，并必须待下层形成空间整体后，才能安装上层支架。

（10）当承重焊接钢筋骨架和模板一起安装时，应符合下列要求：

1）模板必须固定在承重焊接钢筋骨架的节点上；

2）安装钢筋模板组合体时，吊索应按模板设计的吊点位置绑扎。

（11）当支撑呈一定角度倾斜或其支撑的表面倾斜时，应采取可靠措施确保支点稳定。支撑底脚必须有可靠的防滑移措施。

（12）垂直吊运模板时，必须符合下列要求：

1）在升、降过程中应设专人指挥，统一信号，密切配合。

2）吊运大块或整体模板时，竖向吊运应不少于2个吊点，水平吊运应不少于4个吊点。必须使用卡环连接，并应稳起稳落，待模板就位连接牢固后，方可摘除卡环。

3）吊运散装横板时，必须码放整齐，待捆绑牢固后方可起吊。

（13）五级风以上应停止一切吊运作业。

（14）除设计图另有规定者外，所有垂直支架柱应保证垂直。其垂直允许偏差，当层高不大于5m时为6mm，当层高大于5m时为8mm。

（15）对梁和板安装二次支撑时，在梁、板上不得有施工荷载，支撑的位置必须准确。安装后所传给支撑或连接件的荷载不应超过其允许值。支架立柱或桁架必须有保持稳定的可靠措施。

（16）已安装好的模板上的实际荷载不得超过设计值。已承受荷载的支架和附件，不得随意拆除或移动。

6.2.2 扣件式钢管支撑结构模板的安装

（1）钢管宜采用外径48mm、壁厚3.5mm的3号普通钢管。扣件应采用可锻铸铁制成。所使用的扣件的材质应符合现行国家标准的要求，还应经过防锈处理。扣件应具有生产许可证、质保书、检测报告或租赁单位相关的质量保证证明。钢管外表应平直光滑，没有裂纹、分层、变形扭曲、截口、毛口、卷口、斜口以及锈蚀程度0.5mm以上等现象，钢管上严禁打孔。有裂纹、变形的扣件严禁使用，出现滑丝的螺栓必须更换。

（2）模板支撑应支设在坚实的地基上，钢管支撑的每根立杆底部应设置底座或垫板。可调底座，当其伸出长度超过300mm时，应采取可靠措施固定。立杆应竖直设置，2m高度的垂直偏差为15mm。

（3）立杆必须设置纵横向扫地杆，纵上横下。用直角扣件在离地200mm处与立杆扣牢。

（4）立杆接长必须采用对接的方式，且相邻两立杆的对接接头不得在同步内，而相隔一根立杆的对接接头沿竖向错开的距离不宜小于500mm，各接头中心距主节点不宜大于步距的1/3，搭设接头的长度不应小于1m，且应采用不少于2个旋转扣件固定，端部扣件盖板边缘至杆端不应小于100mm。

（5）扣件式钢管脚手架作组合式格构柱使用时，主力杆间距不得大于 1m，纵横杆步距不应大于 1.2m，且柱的每一边应于两横杆间加设斜杆。

（6）满堂模板及支撑安装时，应在四边与中间每隔 4 排立杆及时设置连续到顶的垂直剪刀撑，并与支撑固定牢靠。

（7）当梁模板支撑立杆采用单根立杆时，立杆应设在梁模板中心线处，其偏心距不应大于 25mm。

6.2.3 门式钢管脚手架支撑的安装

（1）门架的跨距和间距应按设计规定布置，但间距宜小于 1.2m。支撑架底部垫木上应设固定底座或可调底座。

（2）门架支撑可沿梁轴线垂直和平行布置，当垂直布置时，在两门架的两侧应设置交叉支撑；当平行布置时在两门架间的两侧亦应设置交叉支撑。交叉支撑应与立杆上的锁销锁牢，上下门架的组装连接必须设置连接棒及锁臂。

（3）门架支撑宽度为 4 个及以上跨或 5 个间距及以上时，应在周边底层、顶层、中间每 5 列、5 排于每门架立杆根部设 $\phi 48 \times 3.5$ 通长水平加固杆，并应用扣件与门架立杆扣牢。

（4）门架支撑高度超过 10m 时，应在外侧周边和内部每隔 15m 间距设置剪刀撑，剪刀撑不应大于 4 个间距，与水平夹角应为 45°～60°，沿竖向应连续设置，并用扣件与门架立杆扣牢。

（5）顶部操作层应采用挂扣式脚手板。

6.2.4 梁式或桁架式支架的安装

（1）采用伸缩式桁架时，其搭接长度不得小于 500mm。上下弦连接销钉规格、数量应符合设计规定，但不得少于 2 个 U 形卡或钢销钉销紧，卡距或销距不得小于 400mm。

（2）安装的梁式或桁架式支架的间距设置应与模板设计图一致。

（3）支承梁式或布架式支架的结构应具有足够强度，否则应另设立柱支撑。

（4）若桁架采用多榀成组排放，在下弦折角处必须加设用木条锯口卡住的水平撑。

6.2.5 单立柱支撑的安装

（1）工具式钢管单立柱支撑的间距应符合支撑设计的规定，立柱不得接长使用。所有夹具、螺栓、销子和其他配件都直处在闭合或拧紧的状态。

（2）本立柱宜选用整料，当不能满足要求时，立柱的接头不宜超过 2 个，并应采用对接的方式。立柱底部可采用垫块垫高，但不得采用砖块垫高。

（3）立柱支撑群（或称满堂架）应沿纵、横向设水平拉杆，其间距按设计规定；在立杆上、下两端 20cm 处设置纵、横向扫地杆；架体外侧每隔 6m 设置一道剪刀撑，并沿竖向连续设置，剪刀撑与地面的夹角应为 45°～60°。当楼层高超过 10m 时，尚应设置水平向剪刀撑。拉杆和剪刀撑必须与立柱牢固连接。

（4）单立柱支撑的所有底座或支撑顶端都应与底座和顶部模板紧密接触，支撑头不得承受偏心荷载。

（5）采用对角木楔进行支撑高度调整时，模板与垫木应接触紧密，并应用铁钉固定牢靠。

6.2.6 悬挑结构立柱支撑的安装

（1）多层悬挑结构模板的上下立柱应保持在同一条垂线上。

（2）多层悬挑结构模板的立柱应连续支撑，并不得少于3层。

6.2.7 基础及地下工程模板的安装

（1）地面以下支模，应先检查土壁的稳定情况。当有裂纹及塌方危险迹象时，在采取安全防范措施后，方可作业。当深度超过2m时，应为操作人员设置上下扶梯。

（2）距基槽（坑）上口边缘1m内不得堆放模板。向基槽（坑）内运料应使用起重机、溜槽或绳索；上、下人员应互相呼应，运下的模板严禁立放于基槽（坑）土壁上。

（3）斜支撑与侧模的夹角不应小于45°，支撑在土壁上的斜支撑应加设垫板，底部的对角楔木应与斜支撑连结牢固。高大长脖基础若采用分层支模时，其下层模板应经就位校正并支撑稳固后，再进行上一层模板的安装。

（4）两侧模板间应用水平支撑连成整体。

6.2.8 柱模板的安装

（1）现场拼装柱模时，应及时加设临时支撑进行固定。斜撑与地面的倾角宜为60°，不能将大片模板系于柱子钢筋上。

（2）柱模就位并经对角线校正无误后，应立即自下而上安装柱箍。

（3）若为整体预组合柱模，吊装时应采用卡环和柱模连接，不得用钢筋钩代替。

（4）柱模校正后，应采用斜撑或水平撑进行四周支撑，以确保整体稳定。当柱模高度超过4m时，应群体或成列同时支模，并应将支撑连成一体，形成整体框架体系。当需单根支模且柱宽大于500mm时，应在每边同一标高上设置不得少于两根斜支撑或水平撑。斜撑与地面的夹角为45°～60°，下端还应有防滑移的措施。

（5）边、角柱模板的支撑，除满足上述要求外，在模板里面还应于外边对应的点设置既能承拉又能承压的斜撑。

6.2.9 墙模板的安装

（1）用散拼定型模板支模时，应自下而上进行，必须在下一层模板全部紧固后，方可进行上一层安装。当下层不能独立安设支撑件时，应采取临时固定措施。

（2）采用预拼装的大块墙模板进行支模安装时，严禁同时起吊两块模板，并应边就位、边校正、边连接，固定后方可摘钩。

（3）安装电梯井内墙模板前，必须于板底下200mm处满铺一层脚手板。

（4）模板未安装对拉螺栓前，板面应向后倾一定角度。安装过程应随时拆换支撑或增加支撑，以保证墙模板随时处于稳定状态。

（5）当钢楞需要接长时，接头处应增加相同数量和不小于原规格的钢楞，搭接长度不得小于墙模宽或高的 15% ~ 20%。

（6）拼接时的 U 形卡应正反交替安装，间距不得大于 300mm。两块模板对按接缝处的 U 形卡应满装。

（7）对拉螺栓与墙模板应垂直、松紧一致，并能保证墙厚尺寸正确。

（8）墙模板内外支撑必须坚固、可靠，应确保模板的整体稳定。当墙模板外面无法设置支撑时，应于里面设置能承受拉和压的支撑。多排并列且间距不大的墙模板，当其支撑互成一体时，应有防止浇筑混凝土时引起临近模板变形的措施。

6.2.10 独立梁和整体楼盖梁结构模板的安装

（1）安装独立梁模板时应设操作平台，高度超对 3.5m 时应搭设脚手架并设防护栏。严禁操作人员站在独立梁底模或柱模支架上操作及上下通行。

（2）底模与横楞应拉结好，横楞与支架、立柱应连接牢固。

（3）安装梁侧模时，应边安装边与底模连接。侧模多于两块高时，应设临时斜撑。

（4）起拱应在侧模内外楞连接牢固前进行。

（5）单片预组合梁模，钢楞与面板的拉结应按设计规定制作，并按设计吊点试吊无误后方可正式吊运安装，待侧模与支架支撑稳定后方准摘钩。

（6）支架立柱底部基土应按规定处理。单排立柱时，应于单排立柱的两边每隔 3m 加设斜支撑，且每边不得少于 2 根，斜支撑与地面的夹角应为 60°。

6.2.11 楼板或平台板模板的安装

（1）预组合模板采用桁架支模时，桁架与支点连接应牢固可靠。桁架支承应采用平直通长的型钢或木方。

（2）预组合模板块较大时，应加钢楞后吊运。当组台模板为错缝拼配时，板下横楞应均匀布置并应在模板端穿插销。

（3）单块模板就位安装，必须待立架搭设稳固、板下横楞与支架连接牢固后进行。

（4）U 形卡应按设计规定安装。

6.2.12 其他结构模板的安装

（1）安装圈梁、阳台、雨篷及挑檐等模板时，其支撑应独立设置，不得支搭在施工脚手架上。

（2）安装悬挑结构模板时，应搭设脚手架或悬挑工作台并应设置防护栏杆和安全网。作业处的下方不得有人通行或停留。

（3）在悬空部位作业时，操作人员应系好安全带。

6.3 模板的拆除

6.3.1 模板拆除的一般要求

（1）拆模时混凝土的强度应符合设计要求，当设计无要求时，应符合下列规定：

1）不承重的侧模板，包括梁、柱、墙的侧模板，只要混凝土强度能保证其表面及棱角不因拆除模板而受损坏即可拆除。

2）承重模板，包括梁、板等水平结构构件的底模，应根据与结构同条件养护的试块强度达到规定后，方可拆除。

3）后张预应力混凝土结构或构件模板的拆除，侧模应在预应力张拉前拆除，其混凝土强度达到侧模拆除条件即可。进行预应力张拉必须待混凝土强度达到设计规定值后方可进行。底模必须在预应力张拉完毕后方能拆除。

4）在拆模过程中，如发现实际混凝土强度并未达到要求，有影响结构安全的质量问题时，应暂停拆模，经妥当处理，实际强度达到要求后，方可继续拆除。

5）已拆除模板及其支架的混凝土结构，应在混凝土强度达到设计的混凝土强度标准值后，才允许承受全部设计的使用荷载。当承受施工荷载的效应比使用荷载更为不利时，必须经过核算，加设临时支撑。

6）拆除芯模或预留孔的内模，应在混凝土强度能保证不发生塌陷和裂缝时，方可拆除。

（2）拆模之前必须有拆模申请，并根据同条件养护试块强度记录达到规定时，技术负责人方可批准拆模。

（3）冬期施工模板的拆除应遵守冬期施工的有关规定，其中主要是要考虑混凝土模板拆除后的保温养护。如果不能进行保温养护，必须暴露在大气中，要考虑混凝土受冻的临界强度。

（4）对于大体积混凝土，除应满足混凝土强度要求外，还应考虑保温措施，拆模之后要保证混凝土内外温差不超过20℃，以免产生温差裂缝。

（5）各类模板拆除的顺序和方法，应根据模板设计的规定进行。如果模板设计无规定时。可按先支的后拆、后支的先拆。先拆非承重的模板、后拆承重的模板及支架的顺序进行。

（6）拆除的模板必须随拆随清理，以免钉子扎脚、阻碍通行、发生事故。

（7）拆模时下方不能有人，拆模区应设警戒线，以防有人误入被砸伤。

（8）拆除的模板向下运送传递，要上下呼应。不能采取猛撬，以致大片塌落的方法拆除。用起重机吊运拆除的模板时模板应堆码整齐并捆牢，才可吊运，否则在空中造成"天女散花"是很危险的。

6.3.2 各类模板的拆除

1. 基础拆模

基坑内拆模,要注意基坑边坡的稳定,特别是拆除模板支撑时,可能使边坡土发生震动而塌方。拆除的模板应及时运到离基坑较远的地方进行清理。

2. 现浇楼盖及框架结构拆模

一般现浇楼盖及框架结构的拆模顺序是:拆柱横斜撑与柱箍→拆柱侧模→拆楼板底模→拆梁侧模→拆梁底模。

楼板小钢模的拆除,应设置供拆模人员站立的平台或架子,还必须将洞口和临边封闭后,才能开始工作。拆除时先拆除钩头螺栓和内外钢楞,然后拆下 U 形卡、L 形插销,再用钢纤轻轻撬动钢模板,用木锤或带胶皮垫的铁锤轻击钢模板,把第一块钢模板拆下、然后将钢模逐块拆除。不得采取猛撬,以致大片塌落的方法拆除。拆下的钢模板不准随意向下抛掷。

已经活动的模板,必须一次连续拆除完方可停歇,以免落下伤人。模板立柱有多道水平拉杆应按由上而下的顺序拆除,拆除最后一道拉杆应与拆除立柱同时进行,以免立柱倾倒伤人。

多层楼板模板支柱的拆除,应根据混凝土强度增长的情况、结构设计倚载与支模施工荷载的情况,通过计算确定。

3. 现浇柱模板拆除

柱模板的拆除顺序是:拆除斜撑或拉杆(或钢拉条)→自上而下拆除柱箍或横楞→拆除竖楞并由上向下拆除模板连接件、模板面。

4. 滑模拆除

(1)滑模拆除必须编制详细的施工方案,明确拆除的内容、方法、程序、使用的机械设备、安全措施及指挥人员的职责等,并报上级主管部门审批后方可实施。

(2)滑模拆除必须组织专业拆除队伍,指定熟悉该项专业技术的人员负责统一指挥。参加拆除的作业人员,必须经过技术培训,考核合格后方能上岗。不能随意更换作业人员。

(3)拆除中使用的垂直运输设备和机具,必须经检查合格后方准使用。

(4)滑模拆除前应检查各支承点埋设件的牢固情况,以及作业人员上下走道是否安全可靠。当拆除作业利用施工的结构作为支承点时,结构混凝土强度的要求应经结构验算确定,且不低于 $15N/mm^2$。

(5)拆除作业必须在白天进行,宜分段整体拆除,运至地面解体。拆除的部件及操作平台上的一切物品,均不得从高空抛下。

(6)当遇到雷雨、雾、雪或风力达到五级以上的天气时,不得进行滑模拆除作业。

(7)高大构筑物的滑模拆除时宜在顶端设置安全行走平台。

5. 大模板拆除

大模板拆除顺序与模板组装顺序相反。大模板拆除后停放的位置,无论是短期停放还是较长期停放,一定要支撑牢固,采取防倾倒的措施。拆除大模板的过程中应注意不损坏混凝土墙体。

6. 飞模拆除

（1）拆飞模必须有专人统一指挥，升降飞模要同步进行。

（2）当不采用专用的悬挑起飞平台时，结构边沿的滚轮一定要比里边高出 1～2cm，以免飞模自动滑出并将飞模的重心位置用红油漆标在飞模侧面明显位置，飞模挂钩前，严格控制其重心不能到达外边沿第一个滚轮，以免飞模外倾。

（3）飞模尾部要绑安全绳，安全绳的另一端应套在施工结构坚固的物体上，徐徐放松。

（4）信号工与司索工必须经过专门培训，上下两个信号工责任要分清，一人在下层负责指挥飞模的推出、挂安全绳、挂钩起吊工作，另一人在上层负责电动倒链的吊绳调整，以保证飞模在推出过程中一直处于平衡状态，而且吊绳逐步调整到使飞模保持与水平面基本平行，并负责指挥飞模的就位与摘钩。信号工及司索工要系好安全带，不得穿塑料底及其他硬底鞋，以防滑倒。司索工挂好钩后应立即离开飞模。信号工必须待操作人员全部撤离出飞模后方可指挥起吊。

（5）飞模吊装挂钩，必须采用卡环将飞模的吊环与吊绳绳扣卡牢的方法，以保证不脱钩。五级以上大风天气，禁止吊装飞模。

（6）飞模飞出后，楼层外边缘应立即绑好护身栏。飞模每使用一次，必须逐个检查螺栓，发现有松动现象，立即拧紧。

7 脚手架工程施工安全技术

7.1 木脚手架

7.1.1 木脚手架的适用范围

（1）木杆架：搭设高度不得超过25m；

（2）满堂架：搭设高度不宜超过15m。

7.1.2 木脚手架材料

1. 木杆

（1）一般采用剥皮杉木、落叶松或其他坚韧的硬杂木，不得采用杨木、柳木、桦木、椴木、油松等材质松脆的树种。凡腐朽、折裂、枯节等有疵残的，不宜采用。

（2）用作立杆的梢径不应小于70mm，大头直径不应大于180mm，长度不宜小于6m。

（3）用作纵向水平杆（大横杆）时，杉木梢径不应小于80mm，红松、落叶松梢径不应小于70mm，长度不宜小于6m。

（4）用作横向水平杆（小横杆）时，杉木梢径最小不应小于80mm，硬木梢径最小不应小于70mm，长度宜为2.1~2.3m。

2. 绑扎材料

（1）镀锌钢丝。立杆连接必须选择8号镀锌钢丝，纵横向水平杆（大小横杆）接头可以选择10号镀锌钢丝。严禁绑扎钢丝重复使用，且不得有锈蚀斑痕。

（2）机械麻绳、棕绳。如使用期3个月以内或架体较低、施工荷载较小时，可采用直径不小于12mm的机制麻绳或棕绳。凡受潮、变质、发霉的绳子不得使用。

7.1.3 搭设要求

1. 立杆

（1）立杆挖坑，深度300~500mm。埋杆前应先将坑底夯实，并于底部垫以木块等，以防下沉。埋杆后用石块卡紧，分层夯实。杆身沿纵向垂直允许偏差为架高的1/1000，且不得大于100mm，并不得外倾。

（2）立杆接长，其搭接长度不应小于1.5m，绑扎不少于3道，每道间距600~750mm。相邻立杆的接头应互相错开一个步距或跨距。接杆时应大头朝下，小头朝上，上下垂直。

（3）立杆根部地表面必须加设扫地杆。

2. 水平杆

（1）纵向水平杆一般绑扎在立杆里侧，其接头应大小搭接，小头放在大头的上面，接头位置要上下里外错开。同一布架内，两根大横杆的接头，不应在同一跨内。

（2）当横向水平杆绑扎在纵向水平杆之上时，单排架横向水平杆大头应朝外。靠立杆的横向水平杆应与立杆绑扎，上下相邻的横向水平杆应分别绑在立杆的不同侧面，横向水平杆伸出纵向水平杆的长度不应小于200mm。

3. 斜撑、剪刀撑、抛撑

（1）脚手架在搭到3步以上时，必须设置斜撑、剪刀撑、抛撑。

（2）单、双排脚手架，架长30m以上均应在建筑物尽端、转角和中间每隔15m的地方，沿纵向设置间隔式剪刀撑；架长30m以内应沿纵向设置连续式剪刀撑。每副剪刀撑的大头应置于下面，最下面的剪刀撑的底脚应距立杆700mm，并埋入土中300mm以上。

（3）斜撑、剪刀撑与地面夹角应为45°～60°。剪刀撑宽度不应小于6m且不大于9m。

（4）抛撑其间距不得大于7根立杆，底脚应埋入土中至少200mm。

（5）满堂脚手架的四角必须设置抱角斜撑，四周外排立杆必须设剪刀撑，中间每隔4排立杆必须沿纵长方向设一道剪刀撑。斜撑、剪刀撑必须连接设置。

4. 连墙件

（1）架高大于7m时，必须设连墙件与建筑物牢固连接。

（2）首部必须设置连接点。

（3）双排结构架应每隔三步三跨，双排装修架应每隔两步三跨，结构或装修单排架应每隔两步两跨设置一个连接点。

（4）连墙点的做法：可在墙体内预埋钢筋环或在墙体内侧放置短木棍，用8号镀锌钢丝穿过钢筋环或捆牢短木棍以拉紧架子的立杆，同时将横向水平杆顶住墙面。

（5）拉结点未经许可严禁任何人擅自拆除。

5. 脚手板

（1）双排架在墙与里排立杆之间，一般铺两块，宽度400～500mm里外立杆之间应满铺。

（2）接头为搭接时，必须搭在横向水平杆上，板端头超出横向水平杆的长度不成小于200mm，搭接方向应符合运输方向。

（3）对接时接头下面应设两根横向水平杆，并使板端距横向水平杆不小于200mm。

（4）满堂架脚手板铺好后立杆不应露头，且作业层四角的脚手板应与纵向水平杆绑扎牢固。

（5）二步以上的脚手架，每步应绑扎1.2m的防护栏杆，并设180mm的挡脚板。上料口及周圈应设置安全防护栏杆或立网。

7.2 扣件式钢管脚手架

7.2.1 落地式双排扣件式钢管脚手架主要构配件

落地式双排扣件式钢管脚手架各构配件示意图见图7-1。

图7-1 落地式双排扣件式钢管脚手架各构配件示意图

1—外立杆；2—内立杆；3—横向水平杆；4—纵向水平杆；5—栏杆；6—挡脚板；

7—直角扣件；8—旋转扣件；9—连墙杆；10—横向斜撑；11—主力杆；12—副立杆；

13—抛撑；14—剪刀撑；15—垫板；16—纵向扫地杆；17—横向扫地杆

7.2.2 落地式双排扣件式钢管脚手架构配件的要求

1. 钢管

（1）钢管应采用现行国家标准《直缝电焊钢管》（GB/T 13793—2008）或《低压流体输送用焊接钢管》（GB/T 3091—2008）中规定的3号普通钢管，其质量应符合现行国家标准《碳素结构钢》（GB/T 700—2006）中Q2357A级钢的规定。

（2）钢管宜采用φ48×35钢管。每根钢管的最大质量不应大于25kg。

（3）钢管应有产品质量合格证和质量检验报告。

（4）钢管表面应平直光滑，不应有裂缝、结疤、分层、错位硬弯、毛刺、压痕和深的划道。

（5）钢管外径与壁厚偏差应小于0.5mm。钢管两段而切斜偏差不应大于1.7mm。钢管外表面锈蚀深度不大于0.5mm。钢管的弯曲应符合规范要求。

（6）严禁将外径48mm的钢管与外径51mm的钢管混合使用。

（7）钢管必须涂有防锈漆。钢管上严禁打孔。

（8）旧钢管锈蚀检查应每年进行一次。当锈蚀深度超过规定值时，不得使用。

2. 扣件

扣件有直角扣件、旋转扣件、对接扣件及根据防滑要求增设的非连接用的防滑扣件等几种。

（1）扣件的质量要求

1）扣件应采用可锻铸铁制成。新扣件应有生产许可证、法定检测单位的测试报告和产品质量合格证，其材质应符合现行国家标准《钢管脚手架扣件》（GB 15831—2006）的规定；

2）旧扣件使用前应进行质量检查，有裂缝、变形的严禁使用，出现滑丝的螺栓必须更换；

3）采用的扣件，在螺栓拧紧扭力矩达 65N·m 时，不得发生破坏；

4）新旧扣件均应进行防腐防锈处理。

（2）扣件的安装要求

1）扣件规格必须与钢管外径（ϕ48 或 ϕ51）相同；

2）螺栓拧紧扭力矩应不少于 40N·m，且不应大于 65N·m；

3）在主节点处固定横向水平杆、纵向水平杆、剪刀撑、横向斜撑等用的直角扣件、旋转扣件的中心点的相互距离不应大于 150mm；

4）对接扣件开口应朝上或朝内；

5）各杆件端头伸出扣件盖板边缘的长度不应小于 100mm。

3. 脚手板

（1）脚手板可采用钢、木、竹材料制成，每块质量不宜大于 30kg。

（2）冲压钢脚手板的材质应符合现行国家标准《碳素结构钢》（GB/T 700—2006）中 Q235A 级钢的规定。尺寸偏差应符合要求，且不得有裂纹、开焊与硬弯。

（3）新脚手板应有产品质量合格证。新旧脚手板均应涂防锈漆。

（4）木脚手板应采用杉木或松木制作，其材质应符合现行国家标准《木结构设计规范》（GB 50005—2003）中 Ⅱ 级材质的规定。脚手板的厚度不应小于 50mm，宽度不宜小于 200mm，两端应各设直径为 4mm 的镀锌钢丝箍两道。腐朽的脚手板不得使用。

（5）竹脚手板宜采用由毛竹或楠竹制作的竹串片板、竹箅板。竹串片是用螺栓将侧立的竹片并列连接而成的，螺栓直径为 8～10mm，间距为 500～600mm，板长一般为 2～2.5m，宽度为 250mm，板厚一般不小于 50mm。竹箅板是用平放带竹青的竹片纵横编制而成的，每根竹片宽度不小于 30mm，厚度不小于 8mm。横筋一反一正，边缘纵横筋相交点用铁丝扎紧，板长一般为 2～2.5m，宽度为 0.8～1.2m。虫蛀、枯脆、松散的竹脚板不得使用。

7.2.3 搭设要求

1. 脚手板

（1）作业层脚手板应铺满、铺稳，离开墙面 120～150mm。

（2）冲压钢脚手板、木脚手板、竹串片脚手板应设置在三根横向水平杆上。当脚手板长度小于 2m 时，可采用两根横向水平杆支撑。但应将脚手板两端与其可靠地固定，严防倾翻。此三种脚手板的铺设可采用对接平铺，也可采用搭接铺设，脚手板对接平铺时，接头处必须设两根横向水平杆，脚手板外伸长度应取 130～150mm，两块脚手板外伸长度的和不应大于 300mm，如图 6-2a 所示；脚手板搭接铺设时，接头必须支在横向水平杆上，搭接长度应大于 200m 其伸出横向水平杆的长度不应小于 100mm。

（3）竹笆脚手板应按其主竹筋垂直于纵向水平杆方向铺设，且应采用对接平铺，四个角应用直径 1.2mm 的镀锌钢丝固定在纵向水平杆上。

（4）作业层端部脚手板探头长度直取 150mm，板两端均应与支撑杆可靠地固定。

（5）在拐角、斜道平台处的脚手板，应与横向水平杆可靠连接，防止滑动。

（6）自顶层作业层的脚手板往下计，宜每层隔 12m 满铺一层脚手板。

2. 纵向、横向水平杆

（1）纵向水平的搭设要求

1）纵向水平杆宜设置在立杆内侧，其长度不宜小于 3 跨。

2）纵向水平杆接长宜采用对接扣件连接，也可采用搭接。

3）对接、搭接应符合下列规定：

对接扣件应交错布置，两根相邻纵向水平杆的接头不应直接设置在同步或同跨内，不同步或不同跨的两个相邻接头在水平方向错开的距离不应小于 500mm，各接头中心至最近主节点的距离不宜大于纵向距离的 1/3。

搭接长度不应小于 1m，应等间距设置 3 个旋转扣件固定，端部扣件盖板边缘至搭接纵向水平杆杆端的距离不宜大于纵向距离的 1/3。

4）在封闭型脚手架的同一步中，纵向水平杆应四周交圈，用直角扣件与内部外角部立杆固定。

5）当使用冲压钢脚手板、木脚手板、竹串片脚手板时，纵向水平杆应作为横向水平杆的支座用直角扣件固定在立杆上；当使用竹笆脚手板时，纵向水平杆应采用直角扣件固定在横向水平杆上，并应等间距设置，间距不应大于 400mm，如图 7-2 所示。

（2）横向水平杆的搭设要求

1）主节点处必须设置一根横向水平杆，用直角扣件扣接且严禁拆除。主节点处两个直角扣件的中心距不应大于 150mm。在双排脚手架中，靠墙一端的外伸长度 a，如图 7-3 所示，不应大于 $0.4l_a$，且不应大于 500mm。

图 7-2　铺竹笆脚手板时纵向水平杆的构造
1—立杆；2—纵向水平杆；3—横向水平杆；
4—竹笆脚手板；5—其他脚板

图 7-3　横向水平杆的构造
1—横向水平杆；2—纵向水平杆；3—立杆

2）作业层上非主节点处的横向水平杆，宜根据支承脚手板的需要等间距设置，最大间距不得大于纵距的1/2。

3）当使用冲压钢脚手板、木脚手板、竹串片脚手板时，横向水平杆两端均应采用直角扣件固定在纵向水平杆上。

4）使用竹笆脚手板时，横向水平杆两端应用直角扣件固定在立杆上。

5）双排脚手架横向水平杆的靠墙一端至墙装饰面的距离不宜大于100mm。

3. 立杆

（1）立杆基础的要求

1）脚手架整体承压部位的回填土必须夯实。脚手架底座底面标高宜高于自然地坪50mm。基础的横距宽度不小于2m，并应有排水措施。

2）一般脚手架可将由钢板、钢管焊接而成的立杆底座，如图7-4所示直接放置在夯实的原土上，或在底座下加垫板，垫板宜采用长度少小于2跨、厚度不小于50mm的木垫板，也可采用槽钢，然后把立杆插在底座内。

3）高层脚手架，应在坚实平整的土层上，铺100mm厚道砟，再放置混凝土垫块，上面纵向仰铺通长12~16号槽钢，立杆放置于槽钢上，如图7-5所示。

图7-4　立杆底座（mm）　　　　　图7-5　高层脚手架立杆铺设

4）脚手架一经搭设，其地基附近不得随意开挖。

（2）立杆的搭设要求

1）立杆接头除在顶层可采用搭接外，其余各接头必须采用对接扣件连接。

2）立杆上的对接扣件应交叉布置，两个相邻立杆接头小应设在同步同跨内，两相邻立杆接头在高度方向错开距离不应小于500mm，各接头中心距主节点的距离不应大于步距的1/3。

3）立杆的搭接长度不应小于1m，应采用不多于2个扣件固定。端部扣件盖板的边缘至杆端距离不得小于100mm。

4）立杆顶端宜高出女儿墙上皮1m，高出檐口上皮1.5m。

5）双根钢管立杆应沿脚手架纵向并列将主立杆和副立杆用扣件紧固组成。副立杆的高度不应低于3步，钢管长度不应小于6m，扣件数量不应小于2个。

6）开始搭设立杆时，应每隔6跨设置一根抛撑，直至连墙件安装稳定后，方可根据情况拆除。

7）当搭至有连墙件的构造点时，在搭设完该处的立杆、纵向水平杆、横向水平杆后，应立即设置连墙件。

4. 脚手架连墙件

1）连墙件布置的最大竖向间距为步距的3倍，最大水平间距为纵距的3倍。

2）连墙杆宜靠近主节点设置，偏离主节点的距离不应大于300mm。

3）连墙杆应从底层第一步纵向水平杆处开始设置。当该处设置有困难时，应采用其他可靠措施固定。

4）连墙杆的排列形式有梅花形（菱形）和井字形（方形、矩形）两种。据有关理论分析，在同等条件下，梅花形排列的架体临界荷载可提高10%以上，因此应提倡梅花形排列。

5）一字形、开口形脚手架的两端必须设置连墙杆，连墙杆的垂直间距不应大于建筑物的层高，并不应大于4m（2步）。

6）连墙件中的连墙杆或拉筋宜成水平设置。当不能水平设置时，与脚手架连接的一端应采用下斜连接，不应采用上斜连接。

7）对高度在24m以下的双排脚手架，宜采用刚性连墙杆也可采用拉筋和顶撑配合使用的附墙连接方式，严禁使用仅有拉筋的柔性连墙件。

8）对高度24m以上的双排脚手架，必须采用刚性连墙件与建筑物可靠连接。

9）当脚手架下部暂不能设连墙件时可搭设抛撑。抛撑应采用通长杆件与脚手架可靠连接，与地面的倾角应在45°～60°之间。连接点中心至主节点的距离不应大于300mm。抛撑应在连墙件搭设后方可拆除。

10）架高超过40m，且有风涡流作用时，应采取抗上升翻流作用的连墙件措施。

11）当脚手架施工操作层高出连墙件两步时，应采取临时稳定措施，直到上一层连墙件搭设完后方可根据情况拆除。

5. 剪刀撑与横向斜撑

（1）剪刀撑的设置要求

1）每道剪刀撑跨越立杆的根数宜按表7-1的规定确定，每道剪刀撑宽度不应小于4跨，且不应小于6m，斜杆与地面的倾角宜在45°～60°之间。

剪刀撑跨越立杆的根数　　　　　　　　　　　　　　　　　　　表7-1

剪刀撑斜杆与地面的倾角	45°	50°	60°
剪刀撑跨越立杆的根数	7	6	5

2）高度在24m以下的单、双排脚手架，均必须在外侧立面的两端各设置一道剪刀撑，并应由底至顶连续设置。中间各道剪刀撑之间的净距不应大于15m。

3）高度在24m以上的双排脚手架应在外侧立面整个长度和高度上连续设置剪刀撑。

4）剪刀撑斜杆的接长宜采用搭接。搭接长度不小于1m，应采用不少于2个旋转扣件固定。

5）剪刀撑斜杆应用旋转扣件固定在与之相交的横向水平杆的伸出端或立轩上，旋转扣件中心线离主节点的距离不宜大于150mm。

6）剪刀撑应随立杆、纵向和横向水平杆等同步搭设，各底层斜杆下端均必须支承在垫块或垫板上。

（2）横向斜撑的设置规定

1）横向斜撑直在同一节间，由底到顶呈"之"字形连续设置。

2）一字形、开口形双排脚手架的两端均必须设置横向斜撑，中间宜每隔6跨设置一道。

3）高度在24m以下的封闭性双排脚手架，可不设横向斜撑；高度在24m以上的封闭性脚手架，除拐角应设置横向斜撑外，中间应每隔6跨设置一道。

6. 栏杆、挡脚板、扫地杆

（1）栏杆、挡脚板的搭设要求

1）栏杆和挡脚板均应搭设在外立杆的内侧；

2）上栏杆上皮高度为1.2m；

3）挡脚板高度不应小于180mm；

4）中栏杆应居中设置，如图7-6所示。

图7-6 栏杆与挡脚板构造
1—上栏杆；2—外立杆；3—挡脚板；4—中栏杆

（2）扫地杆的设置要求

脚手架必须设置纵、横向扫地杆。纵向扫地杆应采用直角扣件固定在距底座上皮不大于200mm处的立杆上。横向扫地杆也应采用直角扣件固定在紧靠纵向扣地杆下方的立杆上。当立杆基础不在同一高度上时，必须将高处的纵向扫地杆向低处延长两跨与立杆固定，高低差不应大于1m。靠边坡上方的立杆轴线到边坡的距离不应小于500mm。

7. 脚手架门洞和斜道

（1）门洞

1）双排脚手架门洞宜采用上升斜杆、平行弦杆桁架结构形式，斜杆与地面的倾角应在45°～60°之间，如图7-7所示。

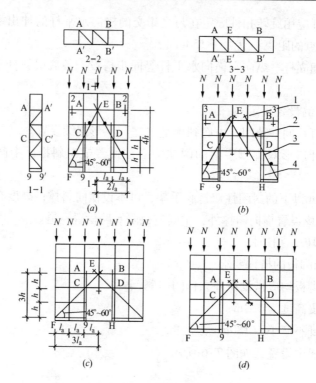

图7-7 门洞处上升斜杆、平行弦杆桁架

1—防滑扣件；2—增设的横向水平杆；3—副立杆；4—主立杆

（a）挑空一根立杆（A型），（b）挑空两根立杆（A型）

（c）挑空一根立杆（B型）；（d）挑空两根立杆（B型）

门洞桁架的形式宜按下列要求确定：

①当步距（h）小于纵距（l_a）时，直采用A型；

②当步距（h）大于纵距（l_a）时，应采用B型，并应符合下列规定：

$h = 1.8m$时，l_a不应大于1.5m；

$h = 2.0m$时，l_a不应大于1.2m。

2）双排脚手架门洞桁架的构造应符合下列规定：双排脚手架门洞处的空间桁架，除下弦平面外，应在其余5个平面内的图示节间设置一根斜腹杆（如图7-7中1-1、2-2、3-3剖面）。

3）斜腹杆宜采用旋转扣件固定在与之相交的横向水平杆的伸出端上，旋转扣件中心线至主节点的距离不宜大于150mm。当斜腹杆在跨内跨越两个步距［如图7-7（a）所示］时，宜在相交的纵向水平杆处，增设一根横向水平杆，将斜腹杆固定在其伸出端上。

4）斜腹杆宜采用通长杆件。当必须接长使用时，宜采用对接扣件连接，也可采用连接。

5）门洞桁架下的两侧立杆应为双管立杆，副立杆高度应高于门洞口1~2步。

6）门洞桁架中伸出上下弦杆的杆件端头，均应增设一个防滑扣件，该扣件宜紧靠主节点处的扣件。

（2）斜道

1）人行并兼作材料运输的斜道形式的确定

①高度不大于 6m 的脚手架，宜采用一字形斜道；

②高度大于 6m 的脚手架，宜采用之字形斜道。

2）斜道构造的规定

①斜道宜附着外脚手架或建筑物设置。

②运料斜道的宽度不宜小于 1.5m，坡度宜采用 1:6；人行斜道的宽度不宜小于 1m，坡度宜采用 1:3。

③拐弯处应设置平台，其宽度不应小于斜道宽度。

④斜道两侧及平台外围均应设置栏杆及挡脚板。栏杆高度应为 1.2m，挡脚板高度不应小于 180mm。

⑤运料斜道两侧、平台外面和端部均应设置连墙件，每两步应加设水平斜撑，设置剪刀撑和横向斜撑。

3）斜道脚手板构造的规定

①脚手板横铺时，应在横向水平杆下增设纵向支托杆，纵向支托杆的间距不应大于 500mm。

②脚手板顺铺时，接头宜采用搭接。下面的板头应压住上面的板头，板头的凸棱处宜采用三角木填顺。

③人行斜道和运料斜道的脚手板上应每隔 250～300mm 设置一个防滑木条，木条厚度宜为 20～30mm。

7.2.4　脚手架的安全管理

1. 施工

（1）单位工程责任人应按施工组织设计中有关脚手架的要求，向架设和使用人员进行技术交底。

（2）应按施工组织设计的要求对钢管、扣件、脚手板等进行检查验收，不合格产品不得使用。经检验合格的构配件应按品种、规格分类，堆放整齐、平稳，堆放场地不得有积水。

（3）应清除搭设场地杂物，平整搭设场地，并使排水畅通。

（4）当脚手架基础下有设备基础、管沟时，在脚手架使用过程中不应开挖，否则必须采取加固措施。

（5）脚手架地基与基础的施工，必须根据脚手架搭设高度、搭设场地土质情况与现行国家标准的有关规定进行。脚手架基础经验收台格后，应按施工组织设计的要求放线定位。

（6）脚手架必须配合施工进度搭设，一次搭设高度不应超过相邻连墙件以上两步。

（7）每搭完步脚手架后，应按规定校正步距、纵距、横距及立杆的垂直度。

2. 拆除

（1）拆除脚手架前的准备工作

1）应全面检查脚手架的扣件连接、连墙件、支撑体系等是否符合构造要求。

2）应根据检查结果补充、完善施工组织设计中的拆除顺序和措施，经主管部门批准后方可实施。

3）应由单位工程责任人进行拆除安全技术交底。

4）应清除脚手架上杂物及地面障碍物。

（2）拆除脚手架的规定

1）拆除作业必须由上而下逐层进行，严禁上下同时作业。

2）连墙件必须随脚手架逐层拆除。严禁先将连墙件整层或数层拆除后再拆脚手架。分段拆除高差不应大于 2 步，如高差大于 2 步，应增设连墙件加固。

3）当脚手架拆至下部最后根长立杆的高度（约 6.5m）时，应先在适当位置搭设临时抛撑加固后，再拆除连墙件。

4）当脚手架采取分段、分立面拆除时对不拆除的脚手架两端，应先按规定设置连墙件和横向斜撑加固。

（3）卸料的规定

1）各构配件严禁抛掷至地面；

2）运至地面的构配件应按规定及时检查、整修与保养，并按品种、规格随时码堆存放。

3. 管理

（1）脚手架搭设人员必须是经过按现行国家标准《特种作业人员安全技术培训考核管理办法》考核合格的专业架子工。上岗人员应定期体检，合格者方可持证上岗。

（2）搭设脚手架人员必须戴安全帽、系安全带、穿防滑鞋。

（3）脚手架的构配件质量与搭设质量，应按规定进行检查验收，合格后方可使用。

（4）作业层上的施工荷载应符合设计要求，不得超载。不得将模板支架、缆风绳、泵送混凝土和砂浆的输送管等固定在脚手架上。严禁悬挂起重设备。

（5）当有六级及六级以上大风和雾、雨、雪天气时，应停止脚手架搭设与拆除作业。雨、雪后上架作业应有防滑措施，并应扫除积雪。

（6）脚手架的安全检查与维护，应按规定进行。安全网应按有关规定搭设或拆除。

（7）在脚手架使用期间，严禁拆除下列杆件：主节点处的纵、横向水平杆，纵、横向扫地杆；连墙件。

（8）不得在脚手架基础及其邻近处进行挖掘作业，否则应采取安全措施，并报主管部门批准。

（9）临街搭设脚手架时，外侧应有防止坠物伤人的防护措施。

（10）在脚手架上进行电、气焊作业时，必须由防火措施和专人看守。

（11）工地临时用电线路的架设及脚手架接地、避雷措施等，应按现行行业标准《施工现场临时用电安全技术规范》（JGJ 46—2005）的有关规定执行。

（12）搭脚手架时，地面应设围栏和警戒标志，并派专人看守，严禁非操作人员入内。

7.3　门式钢管脚手架

7.3.1　门式钢管脚手架的适用范围

（1）结构架：搭设高度不宜超过45mm；

（2）装饰架：搭设高度不宜超过60m；

（3）满堂架：搭设高度不宜超过10m。

7.3.2　门式钢管脚手架的组成

门式钢管脚手架的组成如图7-8所示。

门架是门式钢管脚手架的主要构件，由立杆、横杆及加强杆焊接组成，如图7-9所示。

图7-8　门式钢管脚手架的组成

1—门架；2—交叉支撑；3—脚手板；

4—连接棒；5—锁臂；6—水平架；

7—水平加固杆；8—剪刀撑；9—扫地杆；

10—封口杆；11—底座；12—连墙杆；

13—栏杆；14—扶手

图7-9　门架

1—立杆；2—立杆加强杆；3—横杆；

4—横杆加强杆；5—锁销

7.3.3　材质要求

（1）门架及配件的规格、性能及质量应符合现行行业标准，并应有出厂合格证明书及产品标志。

（2）水平加固杆、封口杆、扫地杆、剪刀撑及脚手架转角处的连接杆等宜采用 42×2.5 焊接钢管，也可采用 48×3.5 焊接钢管。

（3）钢管应平直，平直度允许偏差为管长的 1/500，两端面应平整，不得有斜口、毛口。严禁使用有硬伤（硬弯、砸弯）及严重锈蚀的钢管。

7.3.4 搭设要求

1. 地基与基础

（1）搭设脚手架的场地必须平整坚实，并做好排水措施，回填土必须分层回填，逐层夯实。

（2）当脚手架搭设在结构的楼面、挑台上时，立杆底座下应铺设垫板或混凝土垫块，并应对楼面或挑台等结构进行承载力验算。

（3）基础上应先弹出门架立杆位置线，垫板、底座安放位置应准确。

2. 门架

（1）门架跨距应符合现行行业标准《门式钢管脚手架》（JG/T 13-1999）的规定，并与交叉支撑规格配合。

（2）门架立杆离墙面净距不宜大于 150mm。大于 150mm 时，应采取内挑架板或其他离口防护的安全措施。

（3）门架安装应自一端向另一端延伸，并逐层改变搭设方向，不得相对进行。搭完一步架后，应按要求检查并调整其水平度与垂直度。

（4）不配套的门架与配件不得混合使用于同一脚手架。

3. 转角处门架连接

在建筑物转角处的脚手架内外两侧应按步设置水平连接杆，将转角处的两门架连成一体。

水平连接杆应采用钢管，其规格应与水平加固杆相同。此外，水平连接杆还应采用扣件与门架立杆及水平加固杆扣紧。

4. 配件

（1）交叉支撑、水平架或脚手板应紧随门架的安装及时设置。

（2）门架的内外两侧均应设置交叉支撑，并应与门架立杆上的锁销锁牢。

（3）上、下榀门架的组装必须设置连接棒及锁臂，连接棒直径应小于立杆内径 1~2mm。

（4）在脚手架的操作层上应连续满铺与门架配套的挂扣式脚手板，并扣紧挡板，防止脚手板脱落和松动。

（5）连接门架与配件的锁臂、搭钩必须处于锁住状态。

（6）水平架或脚手板应在同一步内连续设置，脚手板应满铺。

（7）底层钢梯的底部应加设钢管并用扣件扣紧在门架的立杆上，钢梯的两侧均应设置扶手。每段梯可跨越两步或三步门架再行转折。

（8）栏板（杆）、挡脚板应设置在脚手架操作层外侧、门架立杆的内侧。

（9）水平架设置应符合下列规定：

1）在顶层门架上部、连墙件设置层、防护棚设置处必须设置水平架。

2）当脚手架搭设高度≤45m时，沿脚手架高度，水平架应至少两步一设；当脚手架搭设高度＞45m时，水平架每步一设。不论脚手架多高，均应在脚手架的转角处、端部及间断处的一个跨距范围内每步一设。

3）水平架在其设置层面内应连续设置。

4）当因施工需要，临时局部拆除脚手架内侧交叉支撑时，应在拆除交叉支撑的门架上方及下方设置水平架。

5）水平架可由挂扣式脚手板或门架两侧设置的水平加固杆代替。

（10）底步门架的立杆下端应设置固定底座或可调底座。

5. 加固件

（1）加固杆、剪刀撑必须与脚手架同步搭设。

（2）水平加固杆应设于门架立杆内侧，剪刀撑应设于门架立杆外侧并连牢。

（3）剪刀撑的设置应符合下列规定：

1）脚手架高度超过20m时，应在脚手架外侧连续设置；

2）剪刀撑斜杆与地面的倾角宜为45°~60°，剪刀撑宽度宜为4~8m；

3）剪刀撑应采用扣件与门架立杆紧扣；

4）剪刀撑斜杆若采用搭接接长，搭接长度不宜小于600mm，搭接处应采用两个扣件紧扣。

（4）水平加固杆的设置应符合以下规定：

1）当脚手架高度超过20m时，应在脚手架外侧每隔4步一道，并宜在有连墙件的水平层设置；

2）设置纵向水平加固杆应连接，并形成水平闭合圈；

3）在脚手架的底部门架下端加封口杆，门架的内外两侧应设通长扫地杆；

4）水平加固杆应采用扣件与门架立杆扣牢。

6. 连墙件

（1）连墙件的搭设必须随脚手架搭设同步进行，严禁滞后设置或搭设完毕后补做。

（2）当脚手架操作层高处相邻连墙件以上两步时，应采用确保脚手架稳定的临时拉结措施，直到连墙件搭设完毕后方可拆除。

（3）连墙件宜垂直于墙面，不得向上倾斜，连墙件埋入墙身的部分必须锚固可靠。

（4）连墙件应连于上、下两榀门架的接头附近。

（5）在脚手架转角处、不闭合（一字形、槽形）脚手架的两端应增设连墙件，其竖向间距不应小于4.0m。

（6）在脚手架外侧因设置防护棚或完全网而承受偏心荷载的部位，应增设连墙件，其水平间距不应大于4.0m。

（7）连墙件应能承受拉力与压力，其承载力标准值不应小于10kN。连墙件与门架、建筑物的连接也应具有相应的连接强度。

7. 斜梯

（1）作业人员上下脚手架的斜梯应采用挂扣式钢梯，并宜采用"之"字形式，一个梯段宜跨越两步或三步。

（2）钢梯规格应与门架规格配套，并应与门架挂扣牢固。

（3）钢梯应设栏杆扶手。

8. 通道洞口

（1）通道洞口高不宜大于两个门架，宽大宜大于一个门架跨距。

（2）通道洞口应按以下要求采取加固措施：当洞口宽度为一个跨距时，应在脚手架洞口上方的内外侧设置水平加固杆，在洞口两个上角加斜撑杆，当洞口宽为两个及两个以上跨距时，应在洞口上方设置经专门设计和制作的托架，并加强洞口两侧的门架立杆。

9. 扣件

加固件、连墙件等与门架采用扣件连接时应符合下列规定：

（1）扣件规格应与所连钢管外径相匹配；

（2）扣件螺栓拧紧扭力矩宜为 50～60N·m，并不得小于 40N·m；

（3）各杆件端头伸出扣件盖板边缘长度不应小于 100mm。

7.3.5 验收、拆除与管理

1. 验收

（1）脚手架搭设完毕或分段搭设完毕，应按规定对脚手架工程的质量进行检查，经检查合格后方可交付使用。

（2）高度在 20m 及 20m 以下的脚手架，应由单位工程负责人组织技术人员进行检查验收。高度大于 20m 的脚手架，应由上一级技术负责人随工程进行分阶段组织单位工程负责人及有关的技术人员进行检查验收。

（3）脚手架工程的验收，除应查验有关文件外，还应进行现场检查，应这种检查以下各项，并计入施工验收报告：

1）构配件和加固件是否齐全，质量是否合格，连接和挂扣是否紧固可靠；

2）安全网的张挂及扶手的设置是否齐全；

3）基础是否平整坚实，支垫是否符合规定；

4）连墙件的数量、位置和设置是否符合要求；

5）垂直度及水平度是否合格；

6）脚手架搭设的垂直度与水平度允许偏差应符合技术规范的要求。

2. 拆除

拆除脚手架时，应设置警戒区和警戒标志，并由专职人员负责警戒。应清除脚手架上的材料、工具和杂物。拆除应在统一指挥下进行，按后装先拆、先装后拆的顺序及下列安全作业的要求进行：

（1）脚手架的拆除应从一端走向另一端、自上而下逐层进行。

（2）同一层的构配件和加固件应按先上后下、先外后里的顺序进行，最后拆除连墙件。

（3）在拆除过程中，脚手架的自由悬臂高度不得超过两步，当必须超过两步时，应加设临时拉结。

（4）连墙杆、通长水平杆和剪刀撑等，必须在脚手架拆卸到相关的门架时方可拆除。

（5）工人必须站在临时设置的脚手板上进行拆除作业，并按规定使用安全防护用具。

（6）拆除工作中，严禁使用硬物击打、撬挖，拆下的连接棒应放入袋内，锁臂应先传递至地面并放入室内堆存。

（7）拆卸连接部件时，应先将锁座上的锁板与卡钩上的锁片旋转至开启位置，然后开始拆除，不得硬拉，严禁敲击。

（8）拆下的门架、钢管与配件，应成捆用机械吊运或由井架传送到地面，防止碰撞，严禁抛掷。

3. 安全管理与维护

（1）脚手架的拆除必须由专业架子工担任。上岗人员应定期进行体检，凡不适于高处作业者，不得上脚手架操作。

（2）拆除脚手架时，工人必须戴安全帽、系安全带、穿防滑鞋。

（3）操作层上施工荷载应符合设计要求，不得超载。不得在脚手架上集中堆放模板、钢筋等物件。严禁在脚手架上拉缆风绳或固定、架设混凝土泵、泵管及起重设备等。

（4）六级及六级以上大风和雨、雷、雾天气停止脚手架的拆除作业。

（5）施工期间不得拆除下列杆件：

1）交叉支撑、水平架；

2）连墙件；

3）加固杆件，如剪刀撑、水平加固杆、扫地杆、封口杆等等；

4）栏杆。

（6）作业需要时，临时拆除交叉支撑或连墙件应经主管部门批准，并应符合下列规定：

1）交叉支撑只能在门架的一侧局部拆除。临时拆除后，在拆除交叉支撑的门架上、下层应满铺水平架或脚手架。作业完成后，应立即回复拆除的交叉支撑。拆除时间较长时，还应加设扶手或安全网。

2）只能拆除个别连墙件，在拆除前后应采取安全措施，并应在作业完成后立即恢复。不得在竖向或水平向同时拆除两个及两个以上连墙件。

（7）在脚手架基础或邻近之处严禁进行挖掘作业。沿脚手架外侧严禁任意攀登。

（8）临街搭设的脚手架外侧应有防护措施，以防坠物伤人。

（9）脚手架与架空输电线路的安全距离、工地临时用电线路架设及脚手架接地避雷措施等应按现行行业标准《施工现场临时用电安全技术规范》（JGJ 46—2005）的有关规定执行。

（10）对脚手架应设专人负责经常进行检查和保修工作。对高层脚手架应定期作门架立杆基础沉降检查，发现问题应立即采取措施。

（11）拆下的门架及配件应清除杆件及螺纹上的污物，按品种、规格分类检验、维修、整理存放，妥善保管。

7.4 碗扣式钢管脚手架

碗扣式钢管脚手架搭设要求如下：

（1）搭设时对地基、立杆底座、立杆底部扫地杆的要求同扣件式钢管脚手架。

（2）立杆的接长应错开，内立杆离墙面宜为 350~450mm。立杆的垂直度控制：30m 以下按 1/200 控制，30m 以上按 1/600~1/400 控制，且全高的垂直偏差不得大于 100mm。

（3）钢脚手板的挂钩应完全落在横杆上，木脚手板的两端头应落在搭边横杆的翼边上，不得浮搁，同时在作业层的外侧应加设栏杆和挡脚板。斜脚手板只限定在 1.8m 纵距的脚手架上使用，坡度为 1∶3，并需在相应节点上增设横杆。

（4）斜撑的网格应与架子的尺寸相适应，一般情况应尽量与脚手架的节点相连，但也可错节布置。当脚手架高度低于 30m 时，斜撑杆的布置密度应为整架面积的 1/2~1/4；当脚手架高度大于 30m 时，应为整架面积的 1/2~1/3，且必须双侧对称布置，并应分布均匀。

（5）脚手架横向斜杆的布置应与连墙点相对应。进行作业时间可暂时拆去，作业完成后应立即装上，以确保脚手架的横向稳定。

（6）连墙件与结构的连接方法同门式脚手架。双排脚手架在 15~10m² 范围内设置一个（即大致水平间隔 3~4 根立杆，垂直相隔 3 步）连墙点。架高超过 30m 时，底部应适当加密。单排架可按间隔 3 根立杆和 3 步设一个连墙点。

（7）剪刀撑与连墙件应随搭设高度及时加上，并固定拉接牢靠紧密。

（8）脚手架拼装到 3~5 步时，应用经纬仪检查横杆的水平度和立杆的垂直度。

7.5 挑脚手架、挂脚手架、吊脚手架

7.5.1 挑脚手架

挑脚手架是一种利用悬挑在建筑物上支承结构搭设的脚手架，架体的荷载通过悬挑支承结构传递到主体结构上。

1. 挑脚手架的构造

悬挑支承结构作为挑脚手架的关键部分，必须具有一定的强度、刚度和稳定性。形式一般均为三角形桁架，根据所用杆件的种类不同可分为钢管支承结构和型钢支承结构两类。因钢管支承结构的悬挑脚手架在搭设和使用时存在诸多不安全因素，故不提倡搭设此类脚手架。型钢支承结构的结构形式主要分为悬臂式、下撑式和斜拉式三种。

（1）悬臂式

悬臂式是仅用型钢作悬挑梁外挑，其悬臂长度与搁置长度之比不得小于1∶2,型钢采用

预埋圆钢环箍或用电焊进行固定。悬臂式挑脚手架的搭设高度不宜超过10m(见图7-10)。

（2）下撑式

下撑式是用型钢焊接成三角形桁架，其三角斜撑为压杆，桁架的上下支点与建筑物相连，形成悬挑支承结构（见图7-11）。

图7-10 悬臂式挑脚手架　　·　图7-11 下撑式挑脚手架

（3）斜拉式

斜拉式是用型钢作悬挑梁外挑，再在悬挑端用可调节长度的无缝钢管或圆钢拉杆与建筑物斜拉，形成悬挑支承结构（见图7-12）。

型钢支承结构的承载力远大于钢管支承结构。

图7-12 斜拉式挑脚手架

通过设计计算，支承结构上部脚手架搭设高度最高可达25m，但型钢支承结构耗钢量较大，预埋件存在一次性弃损且现场制作精度和安装难度较大。

2. 挑脚手架的防护及管理

（1）挑脚手架在施工作业前除须有设计计算书外，还应有含具体搭设方法的施工方案。

（2）设计施工荷载应不大于常规取值、即：按三层作业，每层 2.0kN/m²；按二层作业，每层 3.0kN/m²。施工荷载除应在安全技术交底中明确外，还必须在架体上挂限载牌以及操作规程牌。

（3）挑脚手架应实施分段验收，对支承结构必须实行专项验收，并应附上隐蔽工程验收单、混凝土试块强度报告。

（4）架体外立杆内侧必须设置 1.2m 高的扶手栏杆，施工层及以下连续三步应设置 180mm 高的挡脚手板，架体外侧应用密目式安全网封闭。在架体进行高空组装作业时，除要求操作人员使用安全带外，还应有必要的防止人、物坠落的措施。

7.5.2 挂脚手架

挂脚手架的使用安全要求

（1）挂脚手架的设计和使用关键是悬挂点，由预埋钢筋环与固定螺栓做成的悬挂点要认真进行设计计算。一般情况下悬挂点水平间距不大于 2m。

（2）由于挂脚手架的附加荷载对主体结构有一定的影响，因此应对主体混凝土强度进行验算或加固。

（3）使用时应严格控制施工荷载和作业人数一般施工荷载不超过 1kN/m²，每跨同时操作人数不超过两人。

（4）挂脚手架应在地面上组装，然后利用起重机械进行挂装。挂脚手架正式投入使用前，必须经过荷载试验。试验时，荷载至少持续约 4h，以检验悬挂点和架体的强度和制作质量。

（5）挂脚手架施工层除设置 1.2m 高防护栏杆和 18cm 高的踢脚板外，架体外侧必须用密目网实施全封闭，架体底部必须封闭隔离。

7.5.3 吊脚手架（吊篮）

吊脚手架的使用安全要求

（1）手动吊篮

1）手动吊篮部件中，除手拉葫芦属采购产品外都为现场拼装因此施工作业前必须经过设计计算。

2）吊篮的悬挑梁挑出建筑物长度除不宜大于挑梁全长的 1/4.5 外，还应满足抵抗力矩大于 3 倍的倾覆力矩。挑梁外侧应设有吊点限位防止吊绳、吊链滑脱。挑梁内侧必须与建筑结构连接牢固，且外侧比内侧高出 50～100mm，形成外高内低，挑梁间应用纵向水平杆连接以确保挑梁体系的整体件和稳定性。

3）吊篮外侧和两端应设置 500mm、1000mm 和 1500mm 高三道防护栏杆，内侧设置 600mm 和 120mm 高两道护身栏杆，四周设置 180mm 高的挡脚板，底部用安全网兜底封严，外侧和两端三面必须外包密目式安全网。

4）当存在交叉作业或上部可能有坠落物时，吊篮顶部必须设置防护顶板，顶板可采用木板、薄钢板或金属网片。

5）吊篮内侧两端应设置护墙轮等装置，以确保作业时吊篮与建筑物拉牢、靠紧、不晃动。当工作平台为两层时，应设内爬梯，平台爬梯应设置盖板。

6）吊篮升降时，必须设置直径不小于 12.5mm 的保险钢丝绳或安全锁。所有承重钢丝绳和保险钢丝蝇不准有接头，且按有关规定紧固。

（2）电动吊篮

1）电动吊篮必须具备生产厂家的生产许可证或准用证、产品合格证、安装使用和维修保养说明书、安装图、易损件图、电气原理图、交接线图等技本文件。吊篮的几何长度、悬挑长度、载荷、配重等应符合吊篮的技术参数要求。其电气系统应有可靠的接零装置，接零电阻不大于 0.1Ω。电气控制机构应配备漏电保护器，电气控制柜应有门加锁。

2）电动吊篮应设有超载保护装置和防倾斜装置。

3）吊篮使用前应进行荷载试验和试运行验收，确保操纵系统、上下限位、提升机、手动滑降、安全锁的手动锁绳灵活可靠。

4）吊篮升降就位后应与建筑物拉牢、固定后才允许人员出入吊篮或传递物品。吊篮使用时，必须遵循设备保险系统与人身保险系统分开的原则，即操作人员安全带必须扣在单独设置的保险绳上。严禁吊篮连体升降，且两篮间距不大于 200mm，严禁将吊篮作为运送材料和人员的垂直运输设备使用。严格控制施工荷载，不超载。

5）吊篮必须在醒目处挂设安全操作规程牌和限载牌，升降交付使用前须履行验收手续。

6）吊篮操作人员应相对固定，经特种作业人员培训合格后持证上岗，每次升降前应进行安全技术交底。作业时应戴好安全帽、系好安全带。

7）吊篮的安装、施工区域应设置警戒区。

7.6 附着升降脚手架

7.6.1 附着升降脚手架的安装

附着升降脚手架的安装应符合以下规定：

（1）水平梁架及竖向主框架在两相邻附着支承结构处的高差应不大于 20mm。

（2）竖向主框架和防倾导向装置的垂直偏差应不大于 5‰和 60mm。

（3）预留穿墙螺栓孔和预埋件垂直于工程结构外表面，其中心误差应小于 15mm。

附着升降脚手架组装完毕，必须进行以下检查，合格后方可进行升降操作。

（1）工程结构混凝土强度应达到附着支承对其附加荷载的要求。

（2）全部附着支承点的安装应符合设计规定，严禁少装附着固定连接螺栓和使用不合格螺栓。

（3）各项安全保险装置应全部检验合格。

（4）电源、电缆及控制柜等的设置应符合用电安全的有关规定。

（5）升降动力设备应工作正常。

（6）同步及荷载控制系统的设置和试运行效果应符合设计要求。

（7）架体结构中采用普通脚手架杆件搭设的部分，其搭设质量应达到要求。

（8）各种安全防护设施应齐备并符合设计要求。

（9）各岗位施工人员应落实。

（10）附着升降脚手架施工区域应有防雷措施。

（11）附着升降脚手架应设置必要的消防及照明设施。

（12）同时使用的升降动力设备、同步与荷载控制系统及防坠装置等专项设备，应分别采用同一厂家、同一规格型号的产品。

（13）动力设备、控制设备、防坠装置等应有防雨、防砸，防尘等措施。

7.6.2　附着升降脚手架的升降操作

附着升降脚手架的升降操作必须遵守以下规定：

（1）严格执行升降作业的程序规定和技术要求。

（2）严格控制并确保架体上的荷载符合设计规定。

（3）所有妨碍架体升降的障碍物必须拆除。

（4）所有升降作业要求解除的约束必须拆开。

（5）严禁操作人员停留在架体上。特殊情况确实需要上人的，必须采取有效的安全防护措施，并由建筑安全监督机构审查后方可实施。

（6）应设置安全警戒线，正在升降的脚手架下部严禁有人进出，并设专人负责监护。

（7）严格按设计规定控制各提升点的同步性，相邻提升点间的高差不得大于 30mm，整体架最大升降差不得大于 80mm。

（8）升降过程中应实行统一指挥、规范指令。升降指令只能由总指挥一人下达。但当有异常情况出现时，任何人均可立即发出停止指令。

（9）采用环链葫芦作升降动力的，应严密监视其运行情况，及时发现、解决可能出现的翻链、铰链和其他影响正常运行的故障。

（10）附着升降脚手架升降到位后，必须及时按使用状况要求进行附着固定。在没有完成架体固定工作前，施工人员不得擅自离岗。未办交付使用手续的，不得投入使用。

7.6.3　附着升降脚手架的使用

附着升降脚手架升降到位、架体固定后，办理交付使用手续前，必须通过以下检查项目：

（1）附着支承和架体已按使用状况下的设计要求同定完毕，所有螺栓连接处已拧紧，各承力件拧紧程度应一致；

（2）碗扣和扣件接头无松动；

（3）所有安全防护设备与措施已齐备；

（4）其他必要的检查项目。

附着升降脚手架的使用必须遵守其设计性能指标，不得随意扩大使用范同。架体上的施工荷载必须符合设计规定，严禁超载，严禁放置影响局部杆件安全的集中荷载，并应及时清理架体、设备及其他构配件上的建筑垃圾和杂物。

附着升降脚手架在使用过程中严禁进行下列作业：

（1）利用架体吊运物料：

（2）在架体上拉结吊装缆绳（索）；

（3）在架体上推车；

（4）任意拆除结构件或松动连接杆；

（5）拆除或移动架体上的安全防护设施；

（6）起吊物料碰撞或扯动架体；

（7）利用架体支设模板；

（8）使用中的物料平台与架体连接在一起；

（9）其他影响架体安全的作业。

附着升降脚手架在使用过程中，应按规定每月进行一次全面安全检查，不合格的部位应立即改正。

当附着升降脚手架预计停用超过一个月时，停用前应采取加固措施。

当附着升降脚手架停用超过个月或遇到过6级以上大风后复工时，必须在复工前按要求进行检查。

螺栓连接件、升降动力设备、防倾覆装置、防坠落装置、电控设备等应每月至少维护保养一次。

附着升降脚手架的安全防护措施应满足下列要求：

（1）架体外侧必须用密目安全网（≥2000目/100cm^2）围挡，密目安全网必须可靠地固定在架体上。

（2）架作底层的脚手板必须铺设严密，且应用平网及密目安全网兜底。应设置架体升降时底层脚手板可折起的翻板构造，保持架体底层脚手板与建筑物表面在升降和正常使用中的间隙，防止物料坠落。

（3）在每一作业层架体外侧必须设置上、下两道防护栏杆（上杆高度1.2m，下杆高度0.6m）和挡脚板（高度180mm）。

（4）单片式和中间断开的整体式附着升降脚手架，在使用工况下，其断开处必须封闭并加设栏杆；在升降工况下，架体开口处必须要有防止人员及物料坠落的可靠措施。

8 高处作业安全技术

8.1 高处作业安全的基本要求

（1）高处作业的安全技术措施必须列入工程的施工组织设计。

（2）高处作业必须逐级进行安全技术教育及交底。

（3）搭设高处作业安全设施的人员，必须经专门培训并考核合格后方可上岗，且应定期进行体格检查。

（4）遇恶劣天气不得进行露天攀登与悬空高处作业。

（5）用于高处作业的防护设施，不得擅自拆除。确因作业需要临时拆除必须经项目经理部施工负责人同意，并采取相应的可靠措施，作业后应立即恢复。

（6）高处作业的防护设施在搭拆过程中应相应设置警戒区并派人监护，严禁上、下同时拆除。

（7）高处作业安全设施的主要受力杆件，力学计算按一般结构力学公式，强度及刚度计算不考虑塑性影响，构造上应符合现行的相应规范的要求。

（8）高处作业应建立落实各级安全生产责任制。对高处作业安全设施，应做到防护要求明确，技术合理，经济适用。

8.2 临边防护栏杆的搭设要求

搭设临边防护栏杆时，必须符合下列要求：

（1）防护栏杆应由上、下两道横杆及栏杆柱组成，上杆离地高度为 1.0 ~ 1.2m，下杆离地高度为 0.5 ~ 0.6m。坡度大于 1:2.2 的屋面防护栏杆应高 1.5m，并加挂安全立网。除经设计计算外，横杆长度大于 2m 时，必须加设栏杆柱。

（2）栏杆柱的固定应符合下列要求：

1）当在基坑四周固定时，可采用钢管并打入地面 50 ~ 70cm 深，钢管离基坑边口的距离，不应小于 50cm。当基坑周边采用板桩时，钢管可打在板桩外侧。

2）当在混凝土楼面、屋面和墙面固定时，可用预埋件与钢管或钢筋焊牢。采用竹、木栏杆时，可在预埋件上焊接 30cm 长的 L 50×5 角钢，其上下各钻一孔，然后用 10mm 的螺栓与竹、木杆件拴牢。

3）当在砖或砌块等砌体上固定时，可预先砌入规格相适应的 80×6 弯转扁钢作预埋铁的混凝土块，然后用上项方法固定。

4）栏杆柱的固定及其与横杆的连接其整体构造应使防护栏杆在上杆任何处，能经受任何方向的 1000N 外力。当栏杆所处位置有发生人群拥挤、车辆冲击或物件碰撞等可能时，应加大横杆面或加密柱距。

（3）防护栏杆必须自上而下用安全立网封闭，或在栏杆下边设置严密固定的高度不低于 18cm 的挡脚板或 40cm 的挡脚笆。挡脚板与挡脚笆上如有孔眼，不应大于 25mm。板与笆下边距离底面的空隙不应大于 10mm。接料平台两侧的栏杆，必须自上而下加挂安全立网或满扎竹笆。

（4）当临边的外侧面临街道时，除防护栏杆外，敞口立面必须采用满挂安全网或其他可靠措施作全封闭处理。

8.3 洞口高处作业

8.3.1 不同尺寸的洞口防护

（1）短边尺寸小于 25cm 但大于 2.5cm 的洞口

楼板、屋面和平台等面上短边尺寸小于 25cm 但大于 2.5cm 的孔口，必须用坚实的盖板盖设，盖板应能防止挪动移位。

（2）边长尺寸为 25～50cm 的洞口

楼板面等处边长为 25～50mm 的洞口、安装预制构件时的洞口，可用竹、木等作盖板盖住洞口。盖板须能保持四周搁置均衡，并有固定其位置的措施。

（3）边长为 50～150cm 的洞口

边长为 50～150cm 的洞口，必须设置以扣件扣接钢管而成的网格，并在其上满铺竹笆或脚手板。也可采用贯穿于混凝土板的钢筋构成防护网，钢筋网格间距不得大于 20cm。

（4）边长在 150cm 以上的洞口

边长在 150cm 以上的洞口，四周设防护栏杆洞口下张设安全平网。

8.3.2 电梯井口防护

电梯井口必须设防护栏杆或固定栅门。电梯井内应每隔两层并最多隔 10m 设一道安全网。

8.3.3 洞口防护设施的要求

（1）板与墙的洞口，必须设置牢固的盖板、防护栏杆、安全网或其他防坠落的防护设施。

（2）钢管桩、钻孔桩等桩孔上口，杯形、条形基础上口，未填土的坑槽以及人孔、天窗、地板门等处，均应按洞口防护设置稳固的盖件。

（3）施工现场通道附近的各类洞口与坑槽等处，除设置防护设施与安全标志外，夜间还应设红灯示警。

（4）垃圾井道和烟道，应随楼层的砌筑或安装而消除洞口，或参照预留洞口作防护。

管道井施工时，除按上条办理外，还应加设明显的标志。如有临时性拆移，需经施工负责人核准，工作完毕后必须恢复防护设施。

（5）位于车辆行驶道旁的洞口、深沟与管道坑、槽，所加盖板应能承受不小于当地额定卡车后轮有效承载力 2 倍的荷载。

（6）墙面等处的竖向洞口，凡落地的洞口应加装开关式、工具式或固定式的防护门，门栅网格的间距不应大于 15cm，也可采用防护栏杆下设挡脚板（笆）。

（7）下边沿至楼板或底面低于 80cm 的窗台等竖向洞口，如侧边落差大于 2m 时，应加设 1.2m 高的临时护栏。

（8）对邻近的人与物有坠落危险性的其他竖向孔、洞口，均应予以盖设或加以防护，并有固定其位置的措施。

8.4 攀 登 作 业

8.4.1 移动式梯子

（1）梯脚底部应坚实，不得垫高使用，梯子的上端应有固定措施。立梯的工作角度以 75°±5° 为宜，踏板上下间距以 30cm 为宜，不得有缺挡。

（2）梯子如需接长使用，必须有可靠的连接措施，且接头不得超过 1 处，连接后梯梁的强度不应低于单梯梯梁的强度。

（3）折梯使用时上部夹角以 35°~45° 为宜。铰链必须牢固，并应有可靠的拉撑措施。

8.4.2 固定式直爬梯

（1）应用金属材料制成。

（2）梯宽不直大于 50cm，支撑应采用不小于 L 70×6 的角钢，埋设与焊接均必须牢固。梯子顶端的踏棍应与攀登的顶面齐平，并加设 1~1.5m 高的扶手。

（3）使用直爬梯进行攀等作业，高度以 5m 为宜。超过 2m 时，宜加设护笼；超过 5m 时，必须设置梯闭平台。

8.4.3 钢挂梯

钢柱安装登高时，应使用钢挂梯或设置在钢柱上的爬梯。钢柱的接柱应使用梯子或操作台。操作台横杆高度，当无电焊防风要求时，其高度不宜小于 1m，有电焊防风要求时不宜小于 1.8m。

8.4.4 安装钢梁的登高设施

登高安装钢梁时，应视钢梁高度，在两端设置挂梯或搭设钢管脚手架。梁面上需行走时，其一侧的临时护栏横杆可采用钢索。当改用扶手绳时，绳的自然下垂度不大于 1/20，并应控制在 10cm 以内。

8.4.5 钢屋架安装的安全要求

（1）在屋架上下弦登高操作时，三角形屋架应在屋脊处，梯形屋架应在两端，设置攀登时上下的梯架。材料可选用毛竹或原木。踏步间距不应大于40cm，毛竹梢径不应小于70cm。

（2）屋架吊装以前，应在上弦设置防护栏杆。

（3）屋架吊装以前，应预先在下弦挂设安全网；吊装完毕后，即将安全网铺设固定。

8.5 悬空作业

8.5.1 悬空作业的基本安全要求

在周边临空状态下进行的高处作业叫悬空作业。施工现场悬空作业的条件往往并不相同，安全要求也随之不同，原则上应做到：

（1）悬空作业处应有牢靠的立足处，并必须视具体情况，配置防护栏网、栏杆或其他安全设施；

（2）悬空作业所用的索具、脚手板、吊篮、吊笼、平台等设备，均需经过技术鉴定合格后方可使用。

8.5.2 构件吊装和管道安装时的悬空作业

构件吊装和管道安装时的悬空作业，必须遵守下列规定：

（1）钢结构的吊装，构件应尽可能在地面组装，并应搭设进行临时固定、电焊、高强螺栓连接等工序的高空安全设施，随构件同时上吊就位。拆卸时的安全措施，亦应一并考虑和落实。高空吊装预应力钢筋混凝土屋架、桁架等大型构件前，也应搭设悬空作业中所需的安全设施。

（2）悬空安装大模板、吊装第一块预制构件、吊装单独的大中型预制构件时，必须站在操作平台上操作。吊装中的大模板和预制构件以及石棉水泥板屋面板上，严禁站人和行走。

（3）安装管道时必须有已完结构或操作平台为立足点，严禁在安装中的管道上站立和行走。

8.5.3 进行预应力张拉时的悬空作业

进行预应力张拉的悬空作业时，必须遵守下列规定：

（1）进行预应力张拉时，应搭设站立操作人员和设置张拉设备用的牢固可靠的脚手架或操作平台。雨天张拉时，还应架设防雨棚。

（2）预应力张拉区域应标示明显的安全标志，禁止非操作人员进入。张拉钢筋的两端必须设置挡板。挡板应距所拉钢筋的端部1.5~2m，且应高出最上一组张拉钢筋0.5m，其宽度应距张拉钢筋两外侧各不小于 1m。

（3）孔道灌浆应按预应由张拉安全设施的有关规定进行。

8.5.4 安装门窗时的悬空作业

悬空进行门窗安装作业时，必须遵守下列规定：

（1）安装门窗、油漆及安装玻璃时，严禁操作人员站在樘子、阳台栏板上操作。门窗临时固定，封填材料未达到强度，以及电焊时，严禁手拉门窗进行攀登。

（2）在高处外墙安装门窗，无外脚手架时，应张挂安全网。无安全网时，操作人员应系好安全带，其保险钩应挂在操作人员上方的可靠物件上。

（3）进行各项窗口作业时，操作人员的重心应位于室内，不得在窗台上站立，必要时应系好安全带进行操作。

8.6 移动式操作平台作业

移动式操作平台是指可以搬动的用于结构施工、室内装饰和水电安装等的操作平台。移动式操作平台必须符合以下规定：

（1）操作平台由专业技术人员按现行的相应规范进行设计，计算及图纸应编入施工组织设计。

（2）操作平台面积不应越过 $10m^2$，高度不应超过上 5m。同时必须进行稳定计算，并采取措施减少立柱的长细比。

（3）装设轮子的移动式操作平台，连接应牢固可靠，立杆底端离地面不得大于 80mm。

（4）操作平台采用 ϕ（48~51）×3.5 钢管扣件连接，亦可采用门架式部件，按产品要求进行组装。平台的次梁间距不应大于 40cm，台面应满铺 5cm 厚的木板或竹笆。

（5）操作平台四周必须设置防护栏杆，并应设置登高扶梯。

（6）移动式操作平台在移动时，平台上的操作人员必须撤离。

8.7 交 叉 作 业

在施工现场的上下不同层次，于空间贯通状态下同时进行的高处作业称为交叉作业。交叉作业应做好安全防护：

（1）由于上方施工可能坠落物件或处于起重机把杆回转范围之内的通道在其影响的范围内，必须搭设双层防护棚。防护棚的宽度，根据建筑物与围墙的距离而定，如距离超过 6m，防护棚搭设宽度为 6m。凡距离不足 6m 的，应搭满这之间的距离。

（2）结构施工自第 2 层起，凡人员进出的通道口（包括井架、施工电梯的进出通道口，以及施工人员进出建筑物的通道口）均应搭设安全防护棚。高度超过 24m 的层次，应搭设双层防护棚。

（3）支模、粉刷、砌墙等各工种进行立体交叉作业时，不得在同一垂直方向上操作。可采取时间交叉、位置交叉，如时间交叉、位置交叉不能满足施工要求，必须采取隔离封闭措施后方可施工。

8.8 安全帽、安全网、安全带

8.8.1 安全帽

1. 安全帽的结构要求

（1）帽壳顶部应加强，可以制成光顶或有筋结构。帽壳可制成无沿、有沿或卷边。

（2）塑料帽对应制成有后箍的结构，能自由调节帽箍大小。无后箍帽衬的下颏带制成"Y"形；有后箍的，允许制成单根。

（3）接触头前额部的帽箍，要透气、吸汗。

（4）帽箍周围衬垫，可以制成条形或块状，并留有空间使空气流通。

（5）每顶安全帽应有以下四项永久性标志：

1）制造厂名称、商标、型号；

2）制造年月；

3）生产合格证和检验证；

4）生产许可证编号。

2. 安全帽的管理

（1）企业必须购买有产品检验合格证的产品，购入的安全帽必须经验收后，方准使用。

（2）安全帽不应储存在酸、碱、高温、日晒、潮湿等处所，更不可和硬物放在一起。

（3）安全帽的使用期从产品制造完成之日开始计算。植物枝条编织帽不超过 2 年。塑料帽、纸胶帽不超过 2.5 年。玻璃钢（维纶钢）橡胶帽不超过 3.5 年。

（4）企业安检部门应根据规定对到期的安全帽进行抽查测试台格后方可继续使用。以后每年抽验一次，抽验不合格则该批安全帽即报废。

3. 安全帽的使用

（1）经有关部门按国家标准检验合格后方可使用。不得使用缺衬、缺带及破损的安全帽。

（2）正确使用，扣好帽带。

8.8.2 安全网

1. 安全网的结构要求

安全网是用来防止人或物坠落，或用来避免、减轻坠落及物击伤害的网具。安全网一般由网体、边绳、系绳等构件组成。根据功能的不同，安全网可分为三类：

（1）平网。安装平面不垂直水平面，用来防止人或物坠落的安全网。

（2）立网。安装平面垂直水平面，用来防止人或物坠落的安全网。

（3）密目式安全立网。网目密度不低于 2000 目/1000m²，垂直于水平面安装用于防止人员坠落及坠物伤害的网，一般由网体、开眼环扣、边绳和附加系绳组成。

2. 安全网的技术要求

（1）安全网可采用绵纶、维纶、涤纶或其他的耐候性符合规范要求的材料制成。

（2）同一张安全网上的同种构件的材料、规格和制作方法必须一致，外观应平整。

（3）平网宽度不得小于 3m，立网宽（高）度不得小于 1.2m，密目式安全立网宽不得小于 2m，产品规格误差允许在 ±2% 以下，每张安全网重量一般不宜超过 15kg。

（4）菱形或方形网目的安全网，其网目边长不大于 8cm。

（5）密目安全网的标准是：每 10cm × 10cm = 100cm² 的面积上，有 2000 个以上网目。做耐贯穿试验，将网与地面成 30°夹角，在其中心上方 3m 处，用管径 48 ~ 51mm、5kg 重的钢管垂直自由落下不穿透。

（6）阻燃安全网必须具有阻燃性，其续燃、阴燃时间均不得大于 4s。

3. 安全网的标志、包装、运输、储存

每张安全网宜用塑料薄膜、纸袋等独立包装。内附产品说明书、出厂检验合格证及其他按有关规定必须提供的文件（如安鉴证等）。外包装可采用纸箱、丙纶薄膜袋，上面应有以下标志：

（1）产品名称、商标；

（2）制造厂名、地址；

（3）数量、毛重、净重和体积；

（4）制造日期或生产批号；

（5）运输时应注意的事项或标记等。

安全网在储存、运输中，必须通风、避光、隔热，同时应避免化学物品的侵袭，袋装安全网在搬运时禁止使用钩子。

4. 安全网的使用

根据《建筑施工安全检查标准》（JGJ 59—2011）的规定，取消了平网在建筑物外围的使用，改为立网全封闭。应该使用取得当地建筑安全监督管理部门准用证的密目式安全网。

立网应随施工层提升，网高出施工层 1m 以上。生根应牢固，立网底部必须与脚手架全部封严。二网间拼接空隙不大于 10cm。

8.8.3 安全带

安全带由带子、绳子和金属配件组成。

1. 安全带的使用

（1）安全带应高挂低用。注意防止摆动碰撞，使用 3m 以上绳时应加缓冲器。

（2）不准将绳扣结使用，也不准将钩直接挂在安全绳上使用，应于挂在连接环上。

（3）安全带上的各种部件不得任意拆除。更换新绳时要注意加绳套。

2. 安全带的保管

（1）安全带使用两年后，应按批量购入情况抽验一次。

（2）使用频繁的绳，要经常做外观检查。发现异常时，应立即更换新绳，带子使用期为 3～5 年，发现异常应提前报废。

9 建筑起重机械及吊装作业安全技术

9.1 塔式起重机的安装与拆卸

9.1.1 安装、拆除专项施工方案

塔式起重机械的安装、拆除专项施工方案或称拆装工艺，包括拆装作业的程序、方法和要求。合理、正确的拆装工艺，不仅是指导拆装作业的技术文件，也是拆装质量、安全以及提高经济效益的重要保证。由于各类型塔式起重机的结构不同，因而其拆装工艺也各不相同。

塔式起重机的拆装工艺一般应包括以下内容：

（1）整机及部件的安装或拆卸的程序与方法；

（2）安装过程中应检测的项目以及应达到的技术要求；

（3）关键部位的调整工艺应达到的技术条件；

（4）需使用的设备、工具、量具、索具等的名称、规格、数量及使用注意事项；

（5）作业工位的布置、人员配备（分工种、等级）以及承担的工序分工；

（6）安全技术措施和注意事项；

（7）需要特别说明的事项。

9.1.2 装拆过程中的安全要求

（1）拆装作业前，应进行一次全面检查，检查路基和轨道铺设或混凝土基础，起重机的各机构、各部位、结构焊缝、螺栓、销轴、卷扬机构和钢丝绳，吊钩、吊具以及电气设备、线路，拆装作业中的辅助机械，拆装人员所使用的工具，作业现场有关情况等是否符合技术要求。发现问题及时处理。

（2）塔式起重机的拆装作业必须在白天进行，不得在大风、浓雾和雨雪天进行。

（3）塔机的装拆区域应设立警戒区域派有专人进行值班。

（4）行走式塔机就位后，应将夹轨钳夹紧。

（5）塔机在安装中对所有的螺栓都要拧紧，并达到紧固力矩要求。对钢丝绳要严格检查有否断丝磨损现象，如有损坏，立即更换。

（6）对整体起吊安装的塔机，特别是起吊前要认真、仔细对全机各处进行检查。路轨路基和各金属结构的受力状况、要害部位的焊缝情况等应进行重点检查，发现隐患及时整改或修复后，方能起吊。

（7）对安装、拆卸中的滑轮组的钢丝绳要理整齐，其轧头要正确使用（轧头规格使

用时比钢丝绳要小号）。轧头数量按钢丝绳规格配置。

（8）塔式起重机在安装完毕后，塔机的使用单位应当组织验收。参加验收的单位包括塔机的使用单位和安装单位。

（9）有建筑物的场所，应注意起重机的尾部与建筑物及建筑物外围施工设施之间的距离不小于0.5m。

（10）有架空输电线的场所，起重机的任何部位与输电线的安全距离，应符合表9-1的规定，以避免起重机结构进入输电线的危险区。

起重机与输电报的安全距离　　　　　　　　　　　表9-1

电压（kV）		<1	1~15	20~40	60~110	230
安全距离（m）	沿垂直方向	1.5	3.0	4.0	5.0	6.0
	沿水平方向	1.0	1.5	2.0	4.0	6.0

（11）两台起重机之间的最小架设距离应保证处于低位的起重机的臂架端部与另一台起重机的塔身之间至少有2m的距离；处于高位起重机的最低位置的部件（吊钩升至最高点或最高位置的平衡重）与低位起重机中处于最高位置部件之间的垂直距离不得小于2m。

9.1.3 塔机使用中的基本安全要求

（1）司机应持有与其所操纵的塔机的起重力矩相对应的操作证，必须熟悉所操作的起重机的性能，并应严格按说明书的规定作业。指挥应持证上岗，并正确使用旗语或对讲机。司机要与现场指挥人员配合好。

（2）开始作业时，司机应首先发出音响信号，以提醒作业现场人员注意。作业前应进行空运转，检查各工作机构、制动器、安全装置等是否正常。

（3）不得使用限位作为停止运行开关。提升重物，不得自由下落。

（4）严禁拔桩、斜拉、斜吊和超负荷运转。严禁用吊钩直接挂吊物和用塔机运送人员。

（5）作业中任何安全装置报警，都应查明原因，不得随意拆除安全装置。

（6）司机对任何人发出的紧急停止信号，均应服从。

（7）作业中遇有下列情况应停止干作业：

1）恶劣气候：如大雨、大雪、大雾、超过允许工作风力等的大风；

2）起重机出现漏电现象；

3）钢丝绳磨损严重、扭曲、断股、打结或出槽；

4）安全保护装置失效；

5）各传动机构出现异常现象和有异响；

6）金属结构部分发生变形；

7）起重机发生其他妨碍作业及影响安全的故障；

8）在进行保养和检修时，应切断塔式起重机的电源，并在开关箱上挂警示标志；

9）作业完毕，将所有工作机构开关转至零位，切断总电源，锁紧所有的夹轨器，认真做好交接手续，填好当班履历书及各种记录。

9.2 施工升降机作业安全技术

9.2.1 施工升降机的安装与拆卸

（1）在升降机安装作业前，应对升降机各部件做好如下检查：

1）导轨架、吊笼等金属结构的成套性和完好性；

2）传动系统的齿轮、限速器的装配精度及其接触长度；

3）电气设备主电路和控制电路是否符合国家规定的产品标准；

4）基础位置和做法是否符合该产品的设计要求；

5）附墙架设置处的混凝土强度和螺栓孔是否符合安装条件；

6）各安全装置是否齐全，安装位置是否正确牢固，各限位开关动作是否灵敏、可靠；

7）升降机安装作业环境有无影响作业安全的因素。

（2）安装作业应当严格按照预先制订的安装方案和工艺要求实施。安装过程中要确定专人统一指挥，划出警戒区域，并根据安装程序对重要危险点实施专人监控或监护。

（3）拆卸时要与安装达到同样的要求，只是在程序和工艺上有所不同。所不同的是，拆卸时严禁将物件从高处向下抛掷。无论安装作业还是拆卸作业，一般宜在白天进行。安装和拆卸人员在登高作业时，必须按高处作业的要求，正确、合理地配备和使用安全防护用品。

（4）升降机在安装完毕时，应及时搭设地面出入口的防护棚。防护棚搭设的材质要选用普通脚手架钢管；防护棚长度不应小于5m，有条件的可与地面通道防护棚连接起来；防护棚宽度应不小于升降机底笼最外部尺寸；防护棚顶部材料可采用50mm厚木板或两层竹笆，上、下竹笆的间距应不小于600mm。

9.2.2 施工升降机的安全使用

（1）施工现场除做好前述的定期检查工作外，司机应积极做好日常检查工作。日常检查在应在每班前进行、空载及满载试运行，检查制动器的灵敏性和可靠性，确认正常后，方可正式运行。

（2）驾驶升降机的司机应是经有关行政主管部门培训、考核，取得合格证的专职人员，严禁无证操作。

（3）升降机载物、乘人时应尽量使荷载均匀分布，并严格按升降机额定荷载和最大乘员人数核定，严禁超载使用。

（4）各停靠层的运料通道两侧必须有良好的防护。楼层门应处于常闭状态，司机应随时注意楼层门的开闭情况，当楼层门未关闭时，司机不应使用吊笼上下运行。楼层门应当与吊笼电气或机械联锁，在目前尚达不到这项技术要求前，楼层门闭合状态建议由司机负责控制并规定司机为第一责任人，以确保各楼层始终处于安全状态。

（5）升降机在运行过程中，严禁以碰撞上、下限位开关来实现停车。

（6）司机因故离开吊笼，应将吊笼降至地面，切断总电源并锁上电箱门，以防止其他无证人员擅自开动吊笼。司机下班时，应同样按此要求操作，并做好相应的落手清工作。

（7）当升降机顶部风速大于20m/s（风力达6级）时，司机应停止作业，并将吊笼降至地面。

（8）升降机应装设必要的联络通信装置。当联络通信信号不明时，司机应当在确认信号后才能开动升降机。作业中不论任何人在任何楼层发出紧急停车信号时、司机应当立即执行。

（9）司机应当按照原机使用说明书上的要求，及时做好升降机各活动部件的润滑和保养工作。并填写例保记录。每班要做好运行记录及交接班记录。

（10）严禁在升降机运行状态下进行维修保养工作，如确需进行维修和调整作业，必须切断电源并在醒目处挂上"有人检修，禁止合闸"的标志牌，必要时应设专人监护。

9.3　物料提升机作业安全技术

9.3.1　物料提升机的安全保护装置

低架物料提升机的安全保护装置主要包括：安全停靠装置、断绳保护装置、上极限限位器、吊笼安全门和信号装置。高架物料提升机除了应当设置低架物料提升机应当设置的安全保护装置外，还应当设置载重量限制装置、下极限限位器、缓冲器和通信装置等。

（1）安全停靠装置

安全停靠装置是当吊笼靠在某一层时，能使吊笼稳妥地支靠在架体上的装置上，防止因钢丝绳突然断裂或卷扬机抱闸失灵时吊篮坠落。其装置的形式有自动和手动两种。当吊笼运行到位后，由弹簧控制或人工扳动使支承杆伸到架休的承托架上，其荷载全部由承托架负担，钢丝绳不受力。当吊笼装载125%额定载重量运行至各楼层位置装卸物料时，停靠装置应能将吊笼可靠定位。

（2）断绳保护装置

吊笼装载额定载重量，悬挂或运行中发生断绳时，断绳保护装置必须可靠地把吊笼刹制在导轨上、最大制动滑落距离应不走于1m，并且不应对结构构件造成永久性损坏。断绳保护装置的形式有弹闸式、偏心夹辊式、杠杆式、挂钩式等。

（3）上极限限位器

上极限限位器应安装在吊篮允许提升的最高工作位置。吊篮的越程（指从吊篮的最高位置与天梁最低处的距离）应不小于3m。当吊篮上升到限定高度时、限位器自行切断电源（指可逆式卷扬机）或自动报警（指摩擦式卷扬机）。`

（4）吊篮安全门

吊篮的上料口处应装设安全门。安全门宜采用联锁开启装置，升降运行时安全门封闭吊篮的上料口，以防止物料从吊篮中滚落。

（5）信号装置

信号装置是由司机控制的一种音响装置，其音量应能使各楼层使用提升机装卸物料的人员清晰地听到。

（6）楼屋口通道门

物料提升机与各楼层进料口一般均搭设了运料通道。在楼层进料口与运料通道的结合处必须设置通道安全门。此门在吊篮上下运行时应处于常闭状态，只有在卸运料时才能打开。此门应设在楼层口，与架体保持段距离，不能紧靠物料提升机架体。此门高度宜为1.8m，其强度应能承受1kN/m的水平荷载。

（7）上料口防护棚

防护棚应设在提升机架体底面进料口上方。其宽度应大于提升机的最外部尺寸；其长度，低架提升机应大于3m，高架提升机应大于5m；其材料强度应能承量10kPa的均布静荷载。上料口防护棚的搭设不得借助于提升机架体作为传力杆件，以避免提升机架产生附加力矩，保证提升机架体稳定。

（8）紧急断电开关

紧急断电开关应设在便于司机操作的位置，在紧急情况下，应能及时切断提升机的总控制电源。

（9）载重量限制装置

当提升机吊笼内载荷达到额定载重量的90%时，应发出报警信号；当吊笼内载荷达到额定载重量的100%～110%时，应切断提升机工作主电源。

（10）下极限限位器

下极限限位器的安装位置，应满足在吊篮碰到缓冲器之前限位器能够动作。当吊篮下降达到最低限定位置时，限位器自动切断电源，使吊篮停止下降。

（11）缓冲器

在架体的底坑里设置缓冲器，当吊篮以额定荷载和规定的速度作用到缓冲器上时，应能承受相应的冲击力。缓冲器可采用弹簧或弹性实体。

（12）通信装置

当司机不能清楚地看到操作者和信号指挥员时，必须加装通信装置。通信装置必须是一个闭路的双向电气通信系统，司机应能听到每一站的联系，并能向每一站讲话。

当低架提升机的架设是利用建筑物内部垂直通道，如采光井、电梯井、设备或管道井时，在司机不能看到吊篮运行情况下，也应该装设通信联络装置。

9.3.2 物料提升机的稳定

物料提升机的稳定性能主要取决于物料提升机的基础、附墙架、缆风绳及地锚。

1. 基础

（1）高架提升机的基础应进行设计，基础应能可靠地承受作用在其上的全部荷载，基础的埋深与做法应符合设计和提升机出厂使用规定。

（2）低架提升机的基础当无设计要求时应符合下列要求：

1）土层压实后的承载力应不小于 80kPa；

2）浇筑 C20 混凝土，厚度不少于 300mm；

3）基础表面应平整，水平度偏差不大于 10mm。

（3）基础应有排水措施。距基础边缘 5m 范围内开挖掏槽或有较大振动的施工时，必须有保证架体稳定的措施。

2. 附墙架

（1）提升机附墙架的设置应符合设计要求，其间隔一般不宜大于 9m，且在建筑物的顶层必须设置一组。

（2）附墙架与架体及建筑之间，均应采用刚性件连接，并形成稳定结构，不得连接在脚手架上。

（3）附墙架的材质应与架体的材质相同，不得使用木杆、竹杆等做附墙架与金属架体连接。

（4）型钢制作的附墙架与建筑结构的连接，可预埋专用铁件用螺栓连接。

3. 缆风绳

（1）当提升机受到条件限制无法设置附墙架时，应采用缆风绳稳固架体。高架提升机在任何情况下均不得采用缆风绳。

（2）缆风绳应选用圆股钢丝绳，直径不得小于 9.3mm，严禁使用铅丝、钢筋、麻绳。

（3）提升机高度在 20m（含 20m）以下时，缆风绳不少于 1 组（4～8 根）；提升机高度在 20～30m 时不少于 2 组。

（4）缆风绳应在架体四角有横向缀件的同一水平面上对称设置。

（5）缆风绳的一端应连接在架体上对连接处的架体焊缝及附件必须进行设计计算。

（6）缆风绳的另一端应固定在地锚上，不得随意拉结在树上、墙上、门窗框上或脚手架上等。

（7）缆风绳与地面的夹角不应大于 60°，应以 45°～60° 为宜。

（8）当缆风绳需要改变位置时，必须先做好预定位置的地锚并加临时缆风绳，确保提升机架体稳定后方可移动原缆风绳的位置；待与地锚拴牢后，再拆除临时缆风绳。

4. 地锚

（1）缆风绳的地锚一般宜采用水平式地锚，即用一根或几根圆木捆绑在一起，横着埋入土内，其埋深根据受力大小和土质情况而定。当土质坚实，地锚受力小于 15kN 时，也可采用桩式地锚。

（2）采用木单桩时，圆木直径应不小于 200mm，埋深应不小于 1.7m，并在桩的前上方和后下方设两根横挡木。

（3）采用脚手钢管（ϕ48）或角钢（∟75×6）时，应不少于两根，并排设置，间距不应小于 0.5m，打入深度不小于 1.7m，桩顶部应有缆风绳防滑措施。

（4）提升机的架体和缆风绳的位置必须靠近或跨越架空输电线路时，应保证最小安全距离，并应采取安全防护措施。

9.3.3 物料提升机的安装与拆卸

1. 安装前的准备

（1）根据施工现场工作条件及设备情况编制架体的安装方案，做好安装的组织工作，对作业人员根据方案进行安全技术交底，确定指挥人员。提升人员必须持证上岗。

（2）按照说明书基础图制作基础。基础养护期应不少于 7d，基础周边 5m 内不得挖排水沟。

（3）安装前做好以下检查：

1）金属结构的成套性和完好性；

2）提升机构是否完整良好；

3）电气设备是否齐全可靠；

4）基础位置和做法是否准确可靠；

5）地锚位置、连接杆（附墙杆）、连接埋件的位置是否正确和埋设牢靠；

6）提升机周围环境条件有无影响作业安全的因素。

2. 安装与拆卸

井架式物料提升机安装的一般顺序为：将底架按要求就位→将第二节标准节安装于标准节底架上→提升抱杆→安装卷扬机→利用卷扬机和抱杆安装标准节→安装导轨架→安装吊笼→穿绕提升钢丝绳→安装安全装置。物料提升机的拆卸按安装的反程序进行。

（1）每安装 2 个标准节（一般不大于 8m），应采取临时支撑或临时缆风绳固定。

（2）安装龙门架时，两边立柱应交替进行。每安装 2 节，除将单肢柱进行临时固定外，尚应将两立柱横向连接成一体。

（3）架体安装完毕后，必须对提升机进行试验和验收，合格后，方能交付使用并挂上验收合格牌。

（4）架体拆除前应做必要的检查。拆除作业宜在白天进行。因故中断作业时，应采取临时稳固措施。

（5）在拆除缆风绳或附墙架前，应先设置临时缆风绳或支撑，确保架体自由高度不得大于 2 个标准节。

9.3.4 物料提升机的安全使用与管理

（1）建立物料提升机的使用管理维修保养制度。应有专职机构和专职人员管理。司机应经专门培训，人员要相对稳定。

（2）组装后应进行验收并进行空载、动载和超载试验。

1）空载试验：即不加荷载，只将吊篮按施工中各种动作反复进行，并试验限位灵敏程度；

2）动载试验：即按说明书中规定的最大载荷进行动作运行；

3）超载试验：一般只在第一次使用前，或经大修后按额定荷载的 125% 逐渐加荷进行。

（3）每班开机前，应对卷扬机、钢丝绳、地锚、缆风绳进行检验，并进行空车运行，确认各类安全装置安全可靠后方能投入工作。

（4）严禁各类人员乘吊篮升降。禁止攀登架体和从架体下面穿越。

（5）物料在吊篮内应均匀分布，不得超出吊篮。当长料在吊篮中立放时，应采取防滚落措施；散料直装箱或装笼，严禁超载。

（6）发现安全装置、通信装置失灵时，应立即停机修复作业中不得随意使用极限限位装置。

（7）使用中要经常检查钢丝绳、滑轮工作情况。如发现磨损严重，必须按照有关规定及时更换。

（8）采用以摩擦式卷扬机为动力的提升机，吊篮下降时，应在吊篮行至离地面 1~2m 处，缓缓落地，不允许带篮自由落下，直接降至地面。

（9）装设摇臂把杆的提升机作业时，吊篮与摇臂把杆不得同时使用。

（10）司机在通信联络信号不明时不得开机，作业中不论任何人发出紧急停车信号，司机应立即执行。

（11）作业后，应将吊篮降至地面，各控制开关扳至零位，切断主电源，锁好闸箱。

（12）提升机使用中经常性的维修保养应符合下列规定：

1）司机应按使用说明书的有关规定，对提升机各润滑部位进行注油润滑。

2）维修保养时，应将所有控制开关扳至零位，切断主电源，并在闸箱处挂"禁止合闸"标志，必要时应设专人监护。

3）提升机处于工作状态时，不得进行保养、维修。排除故障应在停机后进行。

4）更换零部件时，零部件必须与原部件的材质性能相同并应符合设计与制造标准。

5）维修主要结构所用的焊条及焊缝质量，均应符合原设计要求。

6）维修和保养提升机架体顶部时，应搭设上人平台，并应符合高处作业要求。

9.4　起重吊装作业安全技术

9.4.1　常用的索具和吊具

1. 钢丝绳

钢丝绳具有断面相同、强度高、弹性大、韧性好、耐磨、高速运行平稳并能承受冲击荷载等特点，是吊装中的主要绳索，可用作起吊、牵引、捆扎等。

钢丝绳的安全使用与管理

（1）吊装作业中必须使用交互捻的钢丝绳。用作缆风绳的钢丝绳一般为 6×7（6 股、每股 7 丝），吊索和卷扬机宜用 6×19 钢丝绳；高速转动的起重机械和穿绕滑轮组宜用 6×37 钢丝绳，起吊精密仪表机器设备宜用 6×61 钢丝绳。

（2）经常保持钢丝绳清洁，定期涂抹无水防锈油或油脂。钢丝绳使用完毕后，应用钢丝刷将上面的铁锈、脏垢刷去，不用的钢丝绳应进行维护保养，按规格分类存放在干净的地方。在露天存放的钢丝绳应在下面垫高，上面加盖防雨布罩。

（3）钢丝绳开卷时要防止打结、扭曲，造成钢丝绳损坏和强度降低。切断钢丝绳时，应有防止绳股和钢丝松散的措施。

（4）钢丝绳在卷筒上缠绕时，要逐圈紧密地排列整齐或设置排绳装置，不应错叠或离缝。

（5）工作中的钢丝绳，不得与其他物体相摩擦，特别是带棱角的金属物体；着地的钢丝绳应用垫板或滚轮托起。工作中若发现钢丝绳股缝间有大量的油挤出时，这是钢丝绳即将断裂的前兆，应立即停吊，查明原因。

（6）钢丝绳穿越滑轮时，滑轮槽的直径直比绳的直径大 1～2.5mm，滑轮边缘破损的不宜使用。钢丝绳和滑轮直径之比，按用途一般要求为 18～30 倍。

（7）用钢丝绳绑扎边缘锐利的金属构件时，应加衬垫麻袋、木板或半圆钢管等物，以保护钢丝绳不损伤。

（8）使用钢丝绳卡子连接时，应尽量采用骑马式卡子，同时 U 形螺栓内侧净距应与钢丝绳直径大小相适应，不得以大卡子夹细绳。

（9）钢丝绳在使用过程中会不断地磨损、弯曲变形、锈蚀和断丝等，不能满足安全使用时应予报废，以免发生危险。

2. 链条

焊接链是一种起重索具，常用作起重吊装索具。焊接链挠性好，可以用较小直径的链轮和卷筒，因而减少机构尺寸。但焊接链的弹性小，自重大，链环接触处易磨损，不能随冲击载荷运动，运行速度低，安全性较差。链条吊索使用的要求如下：

（1）应采用短环焊接链条吊索。

（2）新链条使用前，应用破断荷载的一半进行试验，试验合格者方准用于起重作业中。

（3）链条吊索不允许承受振动荷载，也不宜超载。

（4）当链条绕过导向滑轮或卷筒时，链条中产生很大的弯曲应力，这个应力随滑轮或卷筒直径 D 与链条圆钢直径 d 之比的减少而增大。因此，要求：人力驱动 $D \geqslant 20d$，机械驱动 $D \geqslant 30d$。

3. 卡环

卡环又叫卸扣、U 形卡或卸甲，用于吊索、构件或吊环之间的连接，它是起重作业中用得广泛且较灵便的栓连工具。卡环分为销子式和螺旋式两种，其中螺旋式卡环比较常用。

卸扣在使用时只能垂直受力，不得横向（两侧）受力，严禁超过规定荷载使用。

4. 吊钩

（1）吊钩的制作材料必须具有较高的机械强度和冲击韧性。所以要选用 20 号优质碳素钢经锻打等热处理加工。起重机械不得使用铸造的吊钩。

（2）吊钩表面应光洁，不能有剥裂、刻痕、锐角、接缝和裂纹等缺陷。

（3）起重机的吊钩严禁补焊。

（4）吊钩上应装有防止脱钩的安全保险装置。

（5）当起重机械的吊钩有下列情况之一的，即应更换：

1）表面有裂纹、破口，开口度比原尺寸增加 15%；

2）危险断面及钩颈有永久变形，扭转变形超过 10°

3）挂绳处断面磨损超过原高度 10%。

4）吊钩钩衬套磨损超过原厚度 50%，心轴（销子）磨损超过其直径的 3% ~ 5%。

5. 横吊梁（铁扁担）

横吊梁常用于柱子和屋架等构件及细长物件的吊装和搬运。常用的有滑轮横吊梁、钢板横吊梁及钢管横吊梁等。

（1）吊装 8t 以上的柱宜用滑轮横吊梁，其滑轮横吊梁的吊环必须用 3 号钢锻制而成，环圈大小应能保证直接顺利挂上起重吊钩；滑轮的直径应大于起吊柱的厚度。

（2）吊装 12t 以下的柱宜用钢板横吊梁，它也必须全部用 3 号钢板制作。

（3）当吊装 18m 以上跨度屋架时，应采用钢管横吊梁，钢管长一般为 6 ~ 12m，钢管必须采用 3 号无缝钢管。

（4）当屋架翻身或跨度很大，需要多吊点绑扎时，则应采用 3 号型钢焊接而成的三角形桁架式横吊梁。

9.4.2　常用的起重机具

1. 千斤顶

千斤顶是一种用比较小的力就能把重物升高、降低或移动的简单机具，结构简单，使用方便。它的承载能力可达 300t。每次顶升高度一般为 300mm，顶升速度可达 35mm/min。

千斤顶按其构造形式，可分为三种类型，即螺旋千斤顶、液压千斤顶和齿条千斤顶。前两种千斤顶应用比较广泛。

（1）千斤顶不准超负荷使用，顶升高度不得超过其规定顶程。

（2）千斤顶工作时，要放在平整坚实的地面上，并要在其下面垫枕木，木板或钢板来扩大受压面积，防止塌陷。

（3）几台千斤顶联合作业时，要动作一致、保证同步顶升和降落。每台千斤顶的起重能力不得小于计算载荷的 1.2 倍。

（4）千斤顶应放在干燥无尘的地方，使用时应先擦洗干净，并检查各部件是否灵活、完好。

2. 手拉葫芦

手拉葫芦又称倒链或神仙葫芦，可用来起吊轻型构件、拉紧扒杆的缆风绳，及用在构件或设备运输时拉紧捆绑的绳索。并可在水平、垂直、倾斜等任何方向使用。一般的起重量为 5 ~ 10kN 最大可达 20kN。倒链具有结构紧凑、手拉力小、使用稳当、携带方便、容易掌握等优点。

（1）起吊前要核对吊物重量，先进行试吊，不得盲目起吊、超载，并仔细检查吊钩、链条等主要受力零件。

（2）拉动链条时，应均匀缓和，并应与链轮盘方向一致，不得斜向拽动，以防跳链、掉槽、卡链现象发生。

（3）齿轮部分应经常加油润滑，棘爪、棘爪弹簧和棘轮应经常检查，防止吊运构件时制动失灵、自坠伤人损物。

（4）倒链使用完后应拆卸、清洗干净，再上润滑油，并安装好，送库房，套上塑料罩，挂好，妥善保存。

3. 手扳葫芦

使用中应注意以下几点：

（1）使用前直对自锁夹钳装置进行检查，夹紧钢丝后不能移动，否则严禁使用。使用初，应在其受力后再检查一次，确认自锁功能良好时，方可正常开始作业。

（2）用作吊篮升降时，应加装保险绳，每根提升钢丝绳都应加保险绳。保险绳固定在永久性的结构上。

（3）必须在手扳葫芦的额定容许值范围内使用。不得随意加长手柄，严禁超载使用。

（4）使用完毕后应拆卸进行清洗、检查、保养，特别是对自锁钳的磨损情况进行检查。

9.4.3 吊装作业的基本安全要求

（1）起重机的司机和指挥人员属于特种作业人员，应经培训、考试合格后，持证上岗。

（2）吊装作业前应编制有针对性的施工方案，并经上级主管部门审批同意。作业前应向参与作业的人员进行安全技术交底。

（3）做好吊装作业前的准备工作，对吊装区域不安全因素和不安全的环境，要进行检查、清除或采取保护措施。起重机行驶的道路必须平整坚实，对所起吊的构件，应事前了解其准确的自重，并选用合适的起吊用其和防护设施，确定吊物回转半径范围、吊物的落点等。

（4）起吊作业前，应对机械进行检查，安全装置要完好、灵敏；检查起重设备的稳定性、制动器的可靠性、吊物的平稳性、绑扎的牢固性。超吊满载或接近满载时，应先将吊物吊起离地 20～50cm 处停机检查，确认无误后方可再行起吊。

（5）起重作业人员在吊装过程中要选择安全位置，防止吊物冲击、晃动、坠落伤人。指挥人员必须坚守岗位，准确、及时传递信号。司机要对指挥发的信号、吊物的捆绑情况、运行通道、起降的空间确认无误后，才能进行操作。

（6）吊装中要熟悉和掌握捆绑技术及捆绑要点。应根据形状找中心、吊点的数目和绑扎点。捆绑中要考虑吊索间的夹角。起吊过程中必须遵守"十不吊"的规定。吊运中起降要平稳，不能忽快忽慢和突然制动。

（7）严禁任何人在已起吊的构件下停留或穿行。已吊起的构件不准长时间在空中停留。构件吊装就位必须放置平稳、牢固后，方准松开吊钩或拆除临时性固定。在安装、校正构件时，应站在操作平台上进行，并佩戴安全带。

（8）在高压线或裸线附近工作时，应停电或采取其他可靠防护措施。使用塔式起重机或长吊杆的起重机时，应设有避雷装置。

（9）在雨季或冬期进行起重吊装作业时，必须采取防滑措施。在雷雨季节需装设避雷设施。遇六级以上大风、大雨、大雾、大雪等恶劣气候条件时，应停止起重吊装作业。

10 建筑机械、施工机具安全技术

10.1 土方机械

10.1.1 推土机的安全使用要点

（1）推土机在Ⅲ～Ⅳ级土或多石土壤地带作业时，应先进行爆破或用松土器翻松。在沼泽地带作业时，应使用有湿地专用履带板的推土机。

（2）不得用推土机推石灰、烟灰等粉尘物料和用作碾碎石块的工作。

（3）牵引其他机械设备时，应有专人负责指挥。钢丝绳的连接应牢固可靠。

（4）在坡道上或长距离牵引时，应采用牵引杆连接。

（5）填沟作业驶近边坡时，铲刀不得越出边缘。后退时，应先换挡，再提升铲刀进行倒车。

（6）在深沟、基坑或陡坡地区作业时，应有专人指挥，其垂直边坡深度一般不超过2m，否则应放出安全边坡。

10.1.2 铲运机的安全使用要点

（1）作业前应检查钢丝绳、轮胎气压、铲土斗及卸土板回位弹簧、拖杆方向接头、撑架和固定钢丝绳部分以及各部滑轮等。液压式铲运机铲斗与拖拉机连接的叉座与牵引连接块应锁定，液压管路连接应可靠，确认正常后，方可启动。

（2）开动前，应使铲斗离开地面，机械周围应无障碍物，确认安全后，方可开动。

（3）作业中严禁任何人上下机械，传递物件，以及在铲斗内、拖把或机架上坐立。

（4）多台铲运机联合作业时，各机之间前后距离不得小于10m（铲土时不得小于5m），左右距离不得小于2m。行驶中应遵守下坡让上坡、空载让重载、支线让干线的原则。

（5）铲运机上下坡道时，应低速行驶，不得中途换挡，下坡时不得空挡滑行。行驶的横向坡度不得超过6°，坡宽应大于机身2m以上。

（6）在新填筑的土堤上作业时，离堤坡边缘不得小于1m。需要在斜坡横向作业时，应先将斜坡挖填，使机身保持平衡。

（7）在坡道上不得进行检修作业。在陡坡上严禁转弯、倒车或停车。在坡上熄火时，应将铲斗落地、制动牢靠后再行启动。下陡坡时，应将铲斗触地行驶，帮助制动。

10.1.3 装载机的安全使用要点

（1）机械启动必须先鸣笛，将铲斗提升离地面50cm左右。行驶中可用高速挡，但不得进行升降和翻转铲斗动作，作业时应使用低速挡，铲斗下方严禁有人，严禁用铲斗载人。

（2）装载机不得在倾斜的场地上作业，作业区内不得有障碍物及无关人员。装卸作业应在平整地面进行。

（3）向汽车内卸料时，严禁将铲斗从驾驶室顶上越过，铲斗不得碰撞车厢。严禁车厢内有人，不得用铲斗运物料。

（4）在沟槽边卸料时，必须设专人指挥。装载机前轮应与沟槽边缘保持不少于2m的安全距离，并放置挡木挡掩。

（5）作业后应将装载机开至安全地区，不得停在坑洼积水处。必须将铲斗平放在地面上，将手柄放在空挡位置，拉好手制动器。关闭门窗加锁后，司机方可离开。

10.1.4 挖掘机的安全使用要点

（1）挖掘机驾驶室内外露传动部分，必须安装防护罩。

（2）电动的单斗挖掘机必须接地良好，油压传动的臂杆的油路和油缸应确认完好。

（3）取土、卸土不得有障碍物，在挖掘时任何人不得在铲斗作业回转半径范围内停留。装车作业时，应待运输车辆停稳后进行。铲斗应尽量放低，并不得砸撞车辆。严禁车厢内有人，严禁铲斗从汽车驾驶室顶上越过。卸土时铲斗应尽量放低，但不得撞击汽车任何部位。

（4）在崖边进行挖掘作业时，作业面不得留有散岩及松动的大块石，发现有坍塌危险时应立即处理或将挖掘机撤离至安全地带。

（5）拉铲作业时，铲斗不得超载。拉铲作沟渠、河道等项作业时，应根据沟渠、河道的深度、坡度及土质确定距坡沿的安全距离，一般不得小于2m。反铲作业时，必须待大臂停稳后再吃土、收斗，伸头不得过猛、过大。

（6）驾驶司机离开操作位置，不论时间长短，必须将铲斗落地并关闭发动机。不得用铲斗吊运物料。

（7）使用挖掘机拆除构筑物时，操作人员应了解构筑物倒塌方向，在挖掘机驾驶室与被拆除构筑物之间留有构筑物倒塌的空间。

（8）作业结束后，应将挖掘机开到安全地带，落下铲斗，制动好回转机构，操纵杆放在空挡位置。

10.2 桩工机械

打桩机的安全要求如下：

（1）打桩机械在使用前，必须经过建筑安全管理部门验收，待确认符合要求，发给准用证并有验收手续后，方能使用。

（2）打桩施工场地应按坡度不大于3%、地基承载力不小于8.5N/cm^{2}的要求进行平整、夯实，地下不得有障碍物。在基坑和围堰内打桩，应配备足够的排水设备。

（3）桩机周围应有明显标志或围栏，严禁闲人进入。作业时，操作人员应存距桩锤中心5m以外监视。严禁闲人在桩机垂直半径范围以内和桩锤或重物底下穿行停留。

（4）安装时，应将桩锤运到桩架正前方2m以内，严禁远距离斜吊。

（5）严禁吊桩、吊锤、回转和行走同时进行。桩机在吊有桩和锤的情况下，操作人员不得离开。

（6）电气线路要架空设置，不得使用不防水的电线或绝缘层有损伤的电线。电箱门和电动机要有接地装置，并加盖防雨罩。高压线下两侧10m以内不得安装打桩机。

（7）遇有大雨、雪、雾、六级以上强风等恶劣气候和雷电天气无避雷装置的桩机应停止作业。风速超过七级应将桩机顺风向停置，并增加缆风绳。

（8）起落机架时，应设专人指挥，拆装人员应互相配合，指挥旗语、哨音准确、清楚。严禁任何人在机架底下穿行或停留。

（9）作业中停机时间较长时，应将桩锤落下垫好。除蒸汽打桩机在短时间内可将锤扭在机架上外，其他的桩机均不得悬吊桩锤进行检修。

（10）作业后应将桩机停故在坚实平整的地面上，将桩锤落下，切断电源和电路升关，停机制动后方可离开。

10.3　混凝土机械

10.3.1　混凝土搅拌机的安全使用要点

（1）安装之地应平整夯实。机械安装要平稳牢固。固定式机械要有可靠的基础，移动式机械应在平坦坚硬的地坪上用方木或撑架架牢，并保持水平。

（2）临时施工用电应做好保护接零，配备漏电保护器，具备三级配电两级保护。一般搅拌机为单向旋转进行搅拌，因此在接电源时应注意搅拌筒转向要符合搅拌筒上的箭头方向。

（3）开机前，应先检查电气设备的绝缘和接地是否良好（如采用保护接地时），皮带轮保护罩是否完整。

（4）工作时，机械应先启动进行试运转，待机械运转正常后再加料搅拌，要边加料边加水。若遇中途停机停电时，应立即将料卸出。不允许中途停机后再重载启动。

（5）料斗应有保险挂钩。料斗下方不准站人。料斗升起时，必须挂上安全钩。

（6）搅拌机应设防雨棚，若机械设置在塔吊运转作业范围内，必须搭设双层安全时坠棚。常温作业时，搅拌机应有良好的通风、采光和排水条件。近旁应有水源，但不得积水。

（7）搅拌机的传动部位应设置防护罩。

（8）操作手柄应有保险装置。钢丝绳磨损不得超标。

（9）每次加入的混合料，不得超过搅拌机额定值的10%。为减少粘罐，加料的次序应为粗骨料→水泥→砂子，或砂子→水泥→粗骨料。

（10）作业后，要进行全面冲洗，筒内料要出净，料斗降落到最低处坑内，坑底都要设料斗的枕垫。

10.3.2 砂浆搅拌机的安全要求

（1）整机安装应平稳、牢固，场地应排水良好、无积水、地面整洁。操作人员应持证上岗，做到定机定人。

（2）拌叶应无松动或摩擦拌筒现象。拌叶、拌轴应无凝结物。

（3）传动皮带轮和齿轮防护罩、进料口安全铁栏、料斗保险链条、机体的接地（接零）保护装置应齐全有效。出料操作采用圆盘式手转盘。

（4）往砂浆搅拌机加料时，不准用脚踩或用铁锹、木棒往下拨、刮拌筒工具不能碰撞搅拌叶，更不能在转动时把工具伸进料斗里扒浆。

10.3.3 混凝土泵及泵车的安全使用要点

（1）泵机必须放置在坚固平整的地面上。如必须在倾斜地面停放时，可用轮胎制动器卡住车轮，倾斜度不得超过 3°。

（2）料斗网格上不得堆满混凝土，要控制供料流量，及时清除超粒径的骨料及异物。

（3）搅拌轴卡住不转时，要暂停泵送，及时排除故障。

（4）供料中断时间，一般不宜超过 1h。停泵后应每隔 10min 做 2～3 个冲程的反转、正转运动，再次投入泵送前应先搅拌。

（5）如管路装有止流管，作业后应插好止流插杆，防止垂直或向上倾斜管路中的混凝土倒流。

（6）在管路末端装上安全盖；其孔口应朝下。若管路末端已是垂直向下或装有向下90°的弯管，可不装安全盖。

（7）洗泵时，应打开分配阀阀窗，开动料斗搅拌装置，作空载推送动作。同时在料斗和阀箱中冲水，直至料斗、阀箱、混凝土缸全部洗净，然后清洗泵的外部。若泵机几天内不用，则应拆开工作缸橡胶活塞，把水放净。如果水质浑浊，必须清洗供水系统。

10.3.4 混凝土振动器

1. 插入式振动器的安全使用要点

（1）插入式振动器在使用前应检查各部件是否完好，各连接处是否紧固，电动机绝缘是否良好，电源电压和频率是否符合铭牌规定。检查合格后，方可接通电源进行试运转。

（2）作业时，要使振动棒自然沉入混凝土，不可用力猛往下推。一般应垂直插入，并插到下层尚未初凝层中 50～100mm，以促使上下层相互结合。

（3）振动棒各插点间距应均匀，一般间距不应超过振动棒有效作用半径的 1.5 倍。

（4）应配开关箱安装漏电保护装置。熔断器选配应符合要求。

（5）振动器操作人员应掌握安全用电知识，作业时应穿绝缘鞋，戴绝缘手套。

（6）工作停止，移动振动器时，应停止电动机转动；搬动振动器时，应切断电源。不得利用软管和电缆线拖拉、扯动电动机。

（7）电缆不得有裸露导电之处和破皮老化现象。电缆线必须敷设在干燥、明亮处。不得在电线上堆放其他物品，车辆不得碾压电缆线，更不能用电缆线吊挂振动器等。

2. 附着式振动器及平板式振动器的安全使用要点

（1）在一个模板上同时使用多台附着式振动器时，各振动器的频率应保持一致，相对面的振动器应错开安装。

（2）使用时，引出的电缆线不得拉得过紧，以防断裂。作业时，必须随时注意电气设备的安全，熔断器和保护接零装置必须合格。

3. 振动台的安全使用要点

振动台是由上部框架、下部框架、支承弹簧、电动机、齿轮箱、振动子等组成。

（1）振动台是一种强力振动成型设备，应安装在牢固的基础上，地脚螺栓应有足够的强度并拧紧。同时在基础中间必须留有地下坑道，以便调整和维修。

（2）使用前要进行检查和试运转，检查机件是否完好。

（3）齿轮因承受高速动负荷，故需要有良好的润滑和冷却。齿轮箱内油面直保持在规定的水平面上，工作时温度不得超过70℃。

10.4　钢　筋　机　械

10.4.1　钢筋强化机械

1. 钢筋冷拉机

钢筋冷拉机的安全使用要点如下：

（1）开机前，应对设备各连接部位和安全装置以及冷拉夹具、钢丝绳等进行全面检查，确认符合要求时，方可操作。

（2）冷拉钢筋运行方向的端头碰设防护装置，防止在钢筋拉断或夹具失灵时钢筋弹出伤人。

（3）冷拉钢筋时，操作人员应站在冷拉线的侧向，并设联络信号，使操作人员在统一指挥下进行作业。在作业过程中，严禁横向跨越钢丝绳或冷拉线。

（4）电气设备、液压元件必须完好，导线绝缘必须良好，接头处要连接牢固，电动机和启动器的外壳必须接地。

（5）冷拉作业区应设置警示标志和围栏。

2. 钢筋冷拔机

钢筋冷拔机的安全使用要点：

（1）各卷筒底座下与地基的间距应小于75mm，作为两次灌浆的填充层。底座下的垫铁每组不多于3块。在各底座初步校准就位后，将各组垫铁焊接，垫铁的平面面积应不小于100mm×100mm。电动机底座下与地基的间隙应不小于50mm，作为两次灌浆填充层。

（2）拔丝机运转过程中，严禁任何人在沿线材拉拔方向站立或停留。拔丝卷筒用链条挂料时，操作人员必须离开链条甩动的区域。出现断丝应立即停车，待车停稳后方可接料。不允许在机械运转中用手取拔丝筒周围的物品。

3. 钢筋轧扭机

钢筋轧扭机的安全使用要点如下：

（1）在控制台上的操作人虽必须集中注意力，发现钢筋乱盘或打结时，要立即停机，待处理完毕后，方可开机。

（2）运转过程中，任何人不得靠近旋转部件。机械周围不准乱堆异物，以防发生意外。

10.4.2　钢筋加工机械

1. 钢筋切断机

钢筋切断机的安全使用要点如下：

（1）接进料的工作平台应和切刀下部保持水平，工作台的长度应根据待加工材料的长度设置。

（2）机械未选到正常运转时，不可切料。切料时，必须使用切刀的中、小部位，紧握钢筋对准刃口迅速投入。送料时应在固定刀片一侧握紧并压住钢筋，以防钢筋末端弹出伤人。严禁用两手分在刀片两边握住钢筋俯身进料。

（3）不得剪切直径及强度超过机械铭牌额定的制筋和烧红的钢筋。一次切断多根钢筋时，其截面积应在规定范围内。

（4）切断短料时，手和切刀之间的距离应保持在 150mm 以上。如手握端小于 400mm 时，应采用套管或夹具将钢筋短头压住或夹牢。

（5）运转中严禁用手直接清除切刀附近的断头和杂物。钢筋摆动周围和切刀周围，不得停留非操作人员。

2. 钢筋调直机

钢筋调盲机的安全使用要点如下：

（1）在调直未固定、防护罩未盖好前不得送料。作业中严禁打开各部防护罩及调整间隙。

（2）当钢筋送入后，手与曳轮必须保持一定的距离，不得接近。

（3）送料前，应先将不直的料头切除。导向筒前应装一根 1m 长的钢管，钢筋必须先穿过钢管再送入调直筒前端的导孔内。

3. 钢筋弯曲机

钢筋弯曲机的安全使用要点如下：

（1）芯轴、挡铁轴、转盘等应无裂纹和损伤，防护罩应坚固可靠，经空运转确认正常后，方可作业。

（2）作业时，将钢筋需弯一端插入转盘固定销的间隙内，另一端紧靠机身固定销，并用手压紧。检查机身固定销，确实安敌在挡住钢筋的一侧后，方可开动。

（3）作业中，严禁更换轴芯、销子和变换角度以及调速等作业，也不得进行清扫和加油。

（4）严禁在弯曲钢筋的作业半径内和机身不设固定销的一侧站人。弯曲好的半成品，应堆放整齐，弯钩不得朝上。

10.4.3 钢筋焊接机械

1. 对焊机

对焊机的安全使用要点如下：

（1）使用前要先检查手柄、压力机构、夹具等是否灵活可靠，根据被焊钢筋的规格，调好工作电压，通入冷却水并检查有无漏水现象；

（2）调整断路限位开关，使其在焊接到达预定挤压量时能自动切断电源。

2. 点焊机

点焊机的安全使用要点如下：

（1）焊机通电后，应检查电气设备、操作机构、冷却系统、气路系统及机体外壳有无漏电等现象。

（2）焊机工作时，气路系统、水冷却系统应畅通。气体必须保持干燥，排水温度不应超过40℃，排水量可根据季节调整。

3. 弧焊机

交流弧焊机的安全使用要点如下：

（1）多台弧焊机集中使用时，应分接在三相电源网络上，使三相负载平衡。多台弧焊机的接地装置，应分别由接地板处引接，不得串联。

（2）移动弧焊机时，应切断电源，不得用拖拉电缆的方法移动焊机。如焊接中突然停电，应立即切断电源。

10.5 木 工 机 械

10.5.1 带锯机的安全使用要点

（1）作业前应检查锯条。锯条齿侧的裂纹长度超过10mm，链条接头处裂纹长度超过10mm，以及连续缺齿两个和接头超过三个的锯条均不得使用。开动带锯机前，应把各项防护装置安装齐全。

（2）作业中，操作人员应站在带锯机的两侧。跑车开动后，行程范围内的轨道周围不准站人，严禁在运行中上、下跑车。

（3）木料上的石子和金属物等必须清除后方能锯割，遇有大节疤、硬质木或木面较大及冻木等，应适当降低进给速度。木材在入锯的200～300mm时进给速度要慢，速度变化要平稳。木料尾端不准开过锯背，要过锯背时必须先前行50cm再后退。

（4）平台式带锯作业时，送接料要配合一致。送料、接料时不得将手送进台面。锯短料时应用推棍送料，回进木料时要离开锯条50mm以上，并需注意木槎、节疤不得碰撞锯条。

（5）装设有气力吸尘罩的带锯机，当木屑堵塞吸尘管口时，严禁在运转中用木棒在锯轮背侧清理管口。

（6）锯机张紧装置的压砣（重锤），应根据锯条的宽度与厚度调节挡位或增减副砣。

（7）不得用重锤克服锯条口松或串条等现象。

10.5.2　圆锯机的安全使用要点

（1）锯片上方必须安装安全防护罩、挡板、松口刀。皮带传动处应有防护罩。

（2）锯片不得连续断齿两个，裂纹长度不超过2cm。有裂纹则应在其末端冲上裂孔，以阻止裂纹进一步发展。

（3）用电应符合规范要求，采用三级配电二级保护、三相五线保护接零系统。设置漏电保护器，关，不准安装倒顺开关。

（4）操作时，操作者应站在锯片左面的位置，不应与锯片站在同一直线上，以防木料弹出伤人。操作人员应戴安全防护眼镜。

（5）木料锯到接近端头时，应由下手拉料进锯，上手不得用手直接送料，应用本板推送。锯料时不准将木料左右搬动或高抬。进料不宜用力过猛，遇硬节疤要减慢进锯速度，以防木节弹出伤人。

（6）锯铺料时，应使用推棍，不准直接用手推，进料速度不得过快，下手接料必须使用刨钩。剖短料时，料长不得小于锯片直径的1.5倍。截料时，截面高度不准大于锯片直径的1/3。

（7）锯线走偏，应逐渐纠正，不准猛推。锯片运转时间过长，温度过高时，应用水冷却。在直径60cm以上的锯片的操作中，应喷水冷却。

10.5.3　平面刨（手压刨）的安全使用要点

（1）必须使用圆柱形轴，绝对禁止使用方轴。

（2）平刨、电锯、电钻等合用一台电机的多功能联合机械在施工现场严禁使用。

（3）刨刀刃口伸出量不能超过外径1.1mm，刨口开口量不得超过规定值，吃刀深度一般为1～2mm。

（4）平刨上必须装有安全防护装置（护手安全装置和传动部位防护装置），并配有刨小薄料的压板或压棍。

（5）刨削工件的最短长度不得小于刨口开口量的4倍，而且必须用推板去推压木料。长度不足400mm或薄且窄的小料，不得用手压刨。

（6）开机后切勿立即送料刨削，经验车1～3min后才能进行正式操作。如感到送料推力较重、木料振动太大说明刨刃已磨损，应及时调换。

（7）操作使用的单向电动开关，要有保护接零和漏电保护器。

（8）平刨应置于木工作业间内，并有消防设施。

10.6　水工机械（潜水泵）

（1）潜水泵宜先装在坚固的篮筐里再放入水中，也可在水中将泵的四周设立坚固的防护围网。泵应直立于水中，水深不得小于0.5m，不得在含泥砂的水中使用。

（2）潜水泵放入水中或提出水面时，应先切断电源，严禁拉拽电缆或出水管。

（3）潜水泵应装设保护接零或漏电保护装置。工作时泵周围30m以内水面不得有人、畜进入。

（4）启动前检查项目应符合下列要求：

1）水管结扎牢固；

2）放气、放水、注油等螺塞均旋紧；

3）叶轮和进水口无杂物；

4）电缆绝缘良好。

（5）接通电源后，应先试运转，并应检查并确认旋转方向正确，在水外运转时间不得超过5min。

（6）应经常观察水位变化，叶轮中心至水面距离应在0.3～0.5m之间，泵体不得陷入污泥或露出水面。电缆不得与井壁、池壁相擦。

（7）新泵或新换密封圈，在使用50h后，应旋开放水封口塞，检查水、油的泄漏量。当泄漏量超过5mL时，应进行0.2MPa的气压试验。查出原因，予以排除，以后每月检查一次；当泄漏量不超过25mL时，可继续使用，检查后应换上规定的润滑油。

（8）经过修理的油浸式潜水泵，应先进行0.2MPa气压试验，各部分不得有泄漏现象，然后将润滑油加入上、下壳体内。

（9）当气温降到0℃以下时，在停止运转后，应从水中提出潜水泵擦干后存放室内。

（10）每周应测定一次电动机定子绕组的绝缘电阻，其值应无下降。

10.7　电焊机具

10.7.1　焊接电源的安全要求

（1）每台电焊机须设专用断路开关（开关的保险丝容量应为该机额定电流的1.5倍），并有与焊机相匹配的过流保护装置。完工后应立即切断电源。

（2）电焊机在接入电网时须注意电压应相符，应使用电焊机二次侧空载降压保护装置。

（3）电焊机的一次、二次接线端应有防护罩，且一次接线端需用绝缘带包裹严密，二次接线端必须使用线卡子压接牢固。

（4）一次侧线使用橡皮电缆线与电源接点不宜用插销连接，其长度不得大于5m，且须双层绝缘。

（5）二次侧把线、地线要有良好的绝缘性和柔韧性，导电能力要与焊接电流相匹配，宜使用 YHS 型橡胶皮护套铜芯多股软电缆，长度不大于 30m。需接长使用时，应保证搭接面积，接点处用绝缘胶带包裹好，接点不宜超过两处。操作时电缆不宜成盘状，否则将影响焊接电流。

（6）手把线与零线过道时，应穿管埋设或架空，以防碾压和磨损。电焊把线与零线不准搭在氧气瓶和起重机钢丝绳等附件上。

（7）更换场地移动把线时，应切断电源，并不得手持把线爬梯登高。

10.7.2　电焊设备的安全要求

（1）电焊机的金属外壳必须采取保护接地或接零。接地、接零电阻值应小于 4Ω。

（2）多台电焊机的接地、接零线不得串接接入接地体，每台电焊机应设独立的接地、接零线，其接点应用螺丝压紧。

（3）电焊机应放置在干燥和通风的地方（水冷式除外）。露天使用时其下方应防潮且高于周围地面，上方应设防雨棚和防砸设施。

10.7.3　焊钳和焊枪的安全要求

（1）结构简便，易于操作。手弧焊钳的重量不应超过 600g，要采用国家定型产品。

（2）有良好的绝缘性能和隔热能力，手柄要有良好的绝热层，以防发热烫手。气体保护焊的焊枪头应用隔热材料包覆保护。焊钳由夹条处至握柄连接处止，间距为 150mm。

（3）焊钳和焊枪与电缆的连接必须简便牢靠，连接处不得外露，以防触电。

（4）等离子焊枪应保证水冷却系统密封，不漏气，不漏水。

（5）手弧焊钳应保证任何斜度下都能夹紧焊条，更换方便。

10.7.4　对电焊作业人员的要求

（1）操作人员必须经培训持有效证件方可上岗。

（2）操作者不准穿化纤服装。推拉开关时，应站在侧面，以防电弧火花灼伤；一手推开关，另一手不准放在任何导体上。

（3）安装、检修焊机或更换保险丝等，应由电工去做，焊工不得擅自乱动。

（4）高处作业时，焊工不准手持焊把、脚登梯子焊接，焊条应装入焊条桶或工具袋内，焊条头要妥善处理，不准随意投掷。

（5）清除焊渣，采用电弧气刨清根时，应戴防护眼镜或面罩，防止铁渣飞溅伤人。更换焊条一定要戴皮手套，不要裸手操作。

（6）遇恶劣天气（如雷雨、雪）应停止露天焊接作业。在潮湿地工作，操作人员应站在绝缘垫或木板上。身体出汗后而使衣服潮湿时，切勿靠在带电的钢板或工件上。

（7）施焊工作结束，应切断焊机电源，并检查操作地点，确认无起火危险后，方可离开。

10.7.5　电焊安全操作要点

（1）操作前应检查所有工具、电焊机、电源开关及线路是否良好，金属外壳应安全可靠接地，进出线应有完整的防护罩，进出线端应用铜接头焊牢。

（2）电气焊的弧火花点必须与氧气瓶、电石桶、乙炔瓶、木料、油类等危险物品的距离不少于10m，与易爆物品的距离不少于20m。

（3）电焊机应空载合闸启动，多台电焊机同时使用应分别接在三相电网上，尽量使三相负载平衡。当需拆除某台时，应先断电后在其一侧验电，在确认无电后方可进行拆除工作。多台焊机在一起集中施焊时，焊接平台或焊件必须接地，并应有隔光板。

（4）严禁使用管道、轨道及建筑物的金属结构或其他金属物体串接起来作为地线使用。

（5）严禁在带压力的容器或管道上施焊。焊接带电的设备必须先切断电源。

（6）焊接储存过易燃、易爆、有毒物品的容器或管道，必须先将易燃、易爆、有毒物品清除干净，并将所有孔口打开。

（7）在密闭金属容器内施焊时，容器必须可靠接地，通风良好，并应有人监护。严禁向内输入氧气。

（8）焊接预热工件时，应有石棉布或挡板等隔热措施。

（9）雷雨时，应停止露天焊接作业。

（10）下列操作，必须在切断电源后才能进行：

1）改变焊机接头时；

2）更换焊件需要改接二次回路时；

3）更换保险装置时；

4）焊机发生故障需进行检修时；

5）转移工作地点，搬动焊机时；

6）工作完毕或临时离开工作现场时。

10.8　气　　瓶

10.8.1　氧气瓶的安全使用要点

（1）使用前应检查瓶阀、接管螺纹、减压器及胶管是否完好。禁止带压拧动瓶阀阀体。瓶阀开启时，不得朝向人体，且动作要缓慢。

（2）环境温度不得超过60℃。严禁受日光暴晒，与明火的距离不小于10m，并不得靠近热源和电器设备。直立放置时，要有护栏和支架，以防倾倒。

（3）使用时要注意固定，防止滚动、倾倒。不宜平卧使用，应将瓶阀一端垫高或直立。应避免受到剧烈震动和冲击，严禁从高处滑下或在地面上滚动。

（4）操作时严禁用沾有油脂的工具、手套接触瓶阀、减压器。一旦被油脂类污染，应及时用二氧化碳或四氯化碳去油擦净。

（5）检查气密性时，应用肥皂水。严禁使用明火试验。冬季遇有瓶阀冻结或结霜，严禁用力敲击或用明火烘烤，应用温水解冻化霜。

（6）气瓶内要始终保持正压，不得将气用尽，瓶内至少应留有 0.3MPa 以上的压力。

（7）氧气瓶严禁用于通风换气，动力气源，吹扫容器、设备和各种管道。

（8）禁止用起重设备的吊索直接拴挂气瓶。运输时，气瓶须装有瓶帽和防震圈，防止碰断瓶阀。车辆装运时应妥善固定。汽车装运应横向码放，不宜直立。易燃物品、油脂和带油污的物品，不得与氧气瓶同车装运。

（9）氧气瓶储存处周围 10m 内，禁止堆放易燃易爆物品和动用明火。同一储存间严禁存放其他可燃气瓶和油脂类物品。

10.8.2　乙炔瓶使用、运输和储存的安全要求

（1）乙炔瓶在使用、运输和储存时，环境温度一般不得超过 40℃，超过时，应采取有效的降温措施。禁止敲击、碰撞。

（2）不得靠近热源和电气设备。夏季要防止暴晒。与明火的距离一般不小于 10m（高空作业时，是与垂直地面处的平行距离）。严禁放置在通风不良及有放射性射线的场所，且不得放在橡胶等绝缘体上。

（3）工作地点不固定但移动较频繁时，应装在专用小车上。同时使用乙炔瓶和氧气瓶时，应尽量避免放在一起。使用时要注意固定，防止倾倒，严禁卧放使用。

（4）必须装设专用的减压器、回火防止器。开启时，操作者应站在阀口的侧后方，动作要轻缓。

（5）使用压力不得超过 0.15MPa，输气流速不应超过 1.5～2.0m³/h。

（6）严禁铜、银、金等及其制品与乙炔接触，必须使用铜合金器具时，合金含铜节应低于 70%。

（7）瓶内气体严禁用尽。必须留有不低于规定要求的剩余压力。

（8）瓶阀冻结，严禁用火烘烤，必要时可用 40℃ 以下的温水解冻。

（9）吊装、搬运时应使用专用夹具和防震的运输车。严禁用电磁起重机和链绳吊装搬运。

（10）运输乙炔瓶应轻装轻卸，严禁抛、滑、滚、碰。夏季要有遮阳设施防止暴晒，炎热地区应避免白天运输。

（11）车、船装运时应妥善固定。汽车装运乙炔瓶，横向排放时，头部应朝向一方，但不得超过车厢高度；直立排放时、车厢高度不得低于瓶高的 2/3。

（12）使用乙炔瓶的现场，储存量不得超过 5 瓶；超过 5 瓶但不超过 20 瓶时，应在现场或车间内用非燃烧体或难燃烧体墙隔成单独的储存间，应有一面靠外墙；超过 20 瓶时，应设置乙炔瓶库。储存量不超过 40 瓶的乙炔库房，可与耐火等级不低于二级的生产厂房毗连建造，其毗连的墙应是无门、窗和洞的防火墙，并严禁任何管线穿过。

（13）储存间与明火或散发火花地点的距离不得小于 15m，且不应设在地下室或半地

下室。储存间应有良好的通风、降温等设施，要避免阳光直射，要保证运输道路畅通。

（14）乙炔瓶储存时，一般要保持竖立位置，并应有防止倾倒的措施。

（15）严禁与氧气瓶、氧气瓶及易燃物品同间储存，同车运输。

（16）使用充装运输储存乙炔瓶应有专人管理，在醒目的地方应设置"乙炔危险"、"严禁烟火"的标志；并应备有干粉或二氧化碳灭火器（严禁使用四氯化碳灭火器）。

10.9 手持电动工具

10.9.1 手持电动工具的安全要求

1. 手持电动工具的选用

（1）使用Ⅰ类手持电动工具必须按规定穿戴绝缘用品。

（2）必须按三类手持电动工具来设置相应的二级漏电保护而且末级漏电动作电流分别不大于：①Ⅰ类手持电动工二具（金属外壳）为 30mA（绝缘电阻≥2mΩ），②Ⅱ类手持电动工具（绝缘外壳）为 15mA（绝缘电阻≥7mΩ），③Ⅲ类手持电动工具（采用安全电压 36V 以下）为 15mA。

（3）一般场所选用Ⅱ类手持电动工具，并装设额定动作电流不大于 15mA、额定漏电动作时间小于 0.1s 的漏电保护器。若采用Ⅰ类手持电动工具，还必须做保护接零。

（4）露天、潮湿场所或在金属构架上操作时，必须选用Ⅱ类手持电动工具，并装设防溅的捕电保护器。严禁使用Ⅰ类手持电动工具。

（5）狭窄场所（锅炉、金属容器、地沟、管道内等），宜选用带隔离变压器的Ⅲ类手持电动工具。若选用Ⅱ类手持电动工具，必须装设防溅的漏电保护器，把隔离变压器或漏电保护器装设在狭窄场所外面，工作时，应有人监护。

2. 作业前的检查

（1）外壳、手柄不得出现裂缝、破损，负荷线、插头、开关等必须完好无损。使用前必须做空载试验，运转正常方可投入使用。

（2）工具上的接零或接地要齐全有效，随机开关要灵敏可靠。电源进线长度应控制在标准范围以符合不同的使用要求。负荷线必须采用耐气候型的橡皮护套铜芯软电缆，并不得有接头。

（3）各部分防护罩应齐全牢固电气保护装置应可靠。

3. 手持电动工具的安全使用要点

（1）使用刀具的机具，应保持刃磨锋利，完好无损，安装正确，牢固可靠。

（2）使用砂轮的机具，应检查砂轮与接盘间的软垫并安装稳固，螺帽不得过紧，凡受潮、变形、裂纹、破碎、磕边缺口或接触过油、碱类的砂转均不得使用，并不得将受潮的砂轮片自行烘干使用。

（3）在潮湿地区或在金属构架、压力容器、管道等导电良好的场所作业时，必须使用双重绝缘或加强绝缘的电动工具。

（4）非金属壳体的电动机、电器，在存放和使用时不应受压、受潮，并不得接触汽油等溶剂。

（5）机具转动时不得撒手不管。

（6）机具启动后，应空载运转，应检查并确认机具联动灵活无阻。作业时加力应平稳，不得用力过猛。

（7）严禁超载使用。作业中应注意音响及温升，发现异常应立即停机检查。在作业时间过长、机具温升超过60℃时，应停机，自然冷却后再行作业。

（8）作业中，不得用手摸刃具、模具和砂轮。发现引具、模具和砂轮有磨钝、破损情况时，应立即停机修整或更换，然后再继续进行作业。

（9）存类电动工具应集中管理、定期保养检修。长期搁置未用的电动工具，使用前必须用500V兆欧表测定绕阻与机壳之间的绝缘电阻值，应不得小于7MΩ，否则须进行干燥处理。

（10）使用冲击电钻或电锤时，应符合下列要求：

1）作业时应掌握电钻或电锤手柄，打孔时先将钻头抵在工作表面，然后开动，用力适度避免晃动。转速若急剧下降，应减少用力，防止电机过载。严禁用木杠加压。

2）钻孔时，应注意避开混凝土中的钢筋。

3）电钻和电锤为40%断续工作制，不得长时间连续使用。

4）作业孔径在25mm以上时，应有稳固的作业平台，周围应设护栏。

（11）使用瓷片切割机时应符合下列要求：

1）作业时应防止杂物、泥尘混入电动机内，并应随时观察机壳温度，当机壳温度过高及产生碳刷火花时，应立即停机检查处理。

2）切割过程中用力应均匀适当，推进刀片时不得用力过猛。当发生刀片卡死时，应立即停机，慢慢退出刀片，应在重新对正后方可再切割。

（12）使用角向磨光机时应符合下列要求：

1）砂轮应选用增强纤维树脂型，其安全线速度不得小于80m/s。配用的电缆与插头应具有加强绝缘性能，并不得任意更换。

2）磨削作业时，应使砂轮与工件保持15°～30°的倾斜位置。切削作业时，砂轮不得倾斜，并不得横向摆动。

（13）使用电剪时应符合下列要求：

1）作业时应先根据钢板厚度调节刀头间隙量；

2）作业时不得用力过猛，当退刀轴往复次数急剧下降时，应立即减少推力。

（14）使用射钉枪时应符合下列要求：

1）严禁用手掌推压钉管和将枪口对准人。

2）击发时，应将射钉枪垂直压紧在工作面上，当两次扣动扳机，子弹均不击发时，应保持原射击位置数秒钟后，再退出射钉弹。

3）在更换零件或断开射钉枪之前，射枪内均不得装有射钉弹。

（15）使用拉铆枪时应符合下列要求：

1）被铆接物体上的销钉孔应与销钉配合，并不得过盈量太大。

2）切铆接时，当铆钉轴未拉断时，可重复扣动扳机，直到拉断为止，不得强行扭断或撬断。

3）作业中，接铆头子或并帽若有松动，应立即拧紧。

11 建筑拆除工程施工安全技术

11.1 施工组织设计

11.1.1 编制原则

（1）爆破拆除和被拆除建筑面积大于 1000m² 的拆除工程，应编制安全施工组织设计；被拆除建筑面积小于 1000m² 的拆除工程，应编制安全施工方案。

（2）拆除工程安全施工组织设计或安全施工方案的编制原则为安全、快速、经济、扰民少。应有针对性、安全性及可行性。应经技术负责人和总监理工程师签字批准后实施。施工过程中，如需变更，应经原审批人批准，方可实施。

11.1.2 主要内容

（1）被拆除建筑物和周围环境的简介。要着重介绍被拆除建筑物的结构类型、结构各部分构件受力情况并附简图，介绍填充墙、隔断墙、装修做法，水、电、暖气、煤气设备情况，周围房屋、道路、管线有关情况。

（2）施工准备工作计划。要将各项施工准备工作，包括组织、技术、现场、设备器材、劳动力的准备工作，全部列出，安排技术，落实到人。要把组织领导机构名单和分工情况列出。

（3）拆除方法。根据实际情况和甲方的要求，对比各种拆除方法，选择安全、经济、快速、扰民少的方法。要详细叙述拆除方法的全面内容，采用控制爆破拆除，要详细说明爆破与起爆方法、安全距离、警戒范围、保护方法、破坏情况、倒塌方向与范围。

（4）施工部署和进度计划。

（5）劳动力组织。要把各工种人员的分工及组织进行周密的安排。

（6）机械设备、工具、材料、计划列出清单。

（7）施工总平面图。施工总平面图是施工现场各项安排的依据，也是施工准备工作的依据。施工总平面图应包括下列内容：

1）被拆除建筑物和周围建筑及地上、地下的各种管线、障碍物、道路的布置和尺寸；

2）起重吊装设备的开行路线和运输道路；

3）爆破材料及其他危险品临时库房位置、尺寸和做法；

4）各种机械、设备、材料以及被拆除下来的建筑材料堆放场地布置；

5）被拆除建筑物倾倒方向和范围、警戒区的范围要标明位置及尺寸；

6）要标明施工用的水、电、办公、安全设施、消火栓位置及尺寸。

（8）安全技术措施。针对所选用的拆除方法和现场情况，根据有关规定提出全面的安全技术措施。

11.1.3 危险性较大工程拆除的专家论证

有下列情况之一的拆除工程必须通过专家论证：

（1）在市区主要地段或临近公共场所等人流稠密的地方，可能影响行人、交通和其他建筑物、构筑物安全的。

（2）结构复杂、坚固、拆除技术性很强的。

（3）地处文物保护建筑或优秀近代保护建筑控制范围的。

（4）临近地下构筑物及影响面大的煤气管道，上、下水管道，重要电缆、电信网。

（5）高层建筑、码头、桥梁或有毒有害、易燃易爆等有其他特殊安全要求的。

（6）配合市属重点工程的。

（7）其他拆除施工管理机构认为有必要进行技术论证的。

专家论证的重点如下：

（1）施工方法；

（2）拆除施工程序；

（3）安全技术措施。

11.2 人 工 拆 除

11.2.1 人工拆除的顺序

人工拆除施工应从上至下、逐层分段进行，不得垂直交叉作业。

建筑物的拆除顺序原则上按建造的逆程序进行，即先造的后拆、后造的先拆，具体可以归纳成"自上而下，先次后主"。"自上而下"是指从上往下层拆除，"先次后主"是指在同一层面上的拆除顺序，先拆次要的部件，如阳台、屋檐、外楼梯、广告牌和内部的门窗等，以及在拆除过程中原为承重部件去掉荷载后的部件。所谓主要部件，就是承重部件，或者在拆除过程中暂时还承重的部件。

11.2.2 人工拆除技术及安全措施

1. 框架结构（或砖混结构）房屋拆除技术与安全措施

（1）屋面板拆除

屋面板分预制板和现浇板两种。

1）预制板拆除方法：预制板通常直接搁在梁上或承重墙上，它与梁或墙体之间没有纵横方向的连接，一旦预制板折断，就会下落。因此，拆除时在预制板的中间位置打一条横向切槽，将预制板拦腰切断，让预制板自由下落即可。开槽要用风镐，由前向后退打，保证人站在没有破坏的预制板上，单靠预制板的重量有时不足以克服粉刷层与预制板之间的粘结力而自由下落，这时需要用锤子将打断的预制板粉刷层敲松。

2）现浇板拆除方法：现浇板是由纵横正交单层钢筋混凝土组成，板厚为 10mm 左右，它与梁或圈梁之间由钢筋连接组成整体。拆除时用风镐或锤子将混凝土打碎即可，不需考虑拆除顺序和方向。

（2）梁的拆除

拆除梁或悬挑构件时，应采取有效的下落控制措施，方可切断两端的支撑。

梁分承重梁（主梁）和连系梁（圈梁）两种。

当屋面板（楼板）拆除后，连系梁不再承重了，属于次要部件，可以拆除。拆除时用风镐将梁的两端各打开一个缺口，露出所有纵向钢筋，然后气割一端钢筋使其自然下垂，再割另一端钢筋使其脱离主梁，放至下层楼面作进一步处理。

承重梁的拆除方法大体上同连系梁。但因承重梁通常较大，不可直接气割钢筋让其自由下落，必须用吊具吊住大梁后方可气割两端钢筋，然后吊至下层楼面或地面作进一步解体。

（3）墙体拆除

墙分砖墙和混凝土墙两种。

1）砖墙拆除方法：用锤子或撬杠将砖块打（撬）松，自上而下作粉碎性拆除。对于边墙，除了自上而下外，还应由外向内作粉碎性拆除。

2）混凝土墙拆除方法：用沿地板面墙的背面打掉钢筋保护层，露出纵向钢筋，系好拉绳，气割钢筋，将墙拉倒，再破碎。

3）注意事项：

①人工拆除建筑墙体时，严禁采用掏锯或推倒的方法，严禁站在墙体或被拆梁上作业；

②室内要搭可移动的脚手架或脚手凳，临近人行道的外墙要搭外脚手架并加密网封闭，人流稠密的地方还要加装防护棚。

4）气割钢筋顺序

先割沿地面一侧的纵向钢筋，其次为上方沿梁的纵向钢筋，最后是两侧的横向钢筋。

（4）立柱拆除

1）拆除柱子时，应沿柱子底部剔凿出钢筋，使用手动倒链定向牵引，再采用气焊切割柱子三面钢筋，保留牵引方向正面的钢筋。

2）立柱倾倒方向应选在下层梁或墙的位置上。

3）撞击点应设置缓冲防振措施。

（5）其他构件拆除

1）拆除栏杆、楼梯、楼板等构件，应与建筑结构整体拆除进度相配合，不得先行拆除。建筑的承重梁、柱，应在其所承载的全部构件拆除后，再进行拆除。

2）拆除原用于有毒有害、可燃气体的管道及容器时，必须在查清残留物的性质并采取相应措施确保安全后，方可进行拆除施工。

3）拆除过程中形成的作业面的孔洞应封闭。

（6）拆除构件、材料和垃圾的处置

1）进行人工拆除作业时，楼板上严禁人员聚集或堆放材料。作业人员应站在稳定的结构或脚手架上的操作，被拆除的构件应有安全的放置场所。

2）垃圾应从预先设置的垃圾井道下放至地面。垃圾井道的要求如下：

①垃圾井道的口径大小，对现浇板结构层面，道口直径为 1.2～1.5m；对预制结构层面，打掉两块预制板，上下对齐。

②垃圾井道数量原则上每跨不得多于 1 只，对进深很大的建筑可适当增加，但要分布合理。

③井道周围要作密封性防护，防止灰尘飞扬。

11.3　机械拆除

11.3.1　机械拆除顺序

机械拆除的顺序为：解体→破碎→翻渣→归堆待运。

11.3.2　镐头机拆除方法

镐头机可拆除高度不超过 15m 的建（构）筑物。

（1）拆除顺序：自上而下、逐层逐跨拆除。

（2）工作面选择：对框架结构房屋，选择与承重墙平行的面作施工面。

（3）停机位置选择：设备机身距建筑物的垂直距离约 3～5m，机身行走方向与承重梁（墙）平行，大臂与承重梁（墙）成 45°～60°角。

（4）打击点选择：打击顶层立柱的中下部，让顶板、承重梁自然下塌，打断一根立柱后向后退，再打下一根，直至最后。对于承重墙要打顶层上部，防止碎块下落砸坏设备。

（5）清理工作面：用挖掘机将解体的碎块运至后方空地作进一步破碎，空出镐头机作业通道，进行下一跨作业。

11.3.3　机械拆除的注意事项

（1）当采用机械拆除时，应从上至下、逐层分段进行，应先拆除非承重结构，再拆除承重结构。拆除框架结构建筑，必须按楼板、次梁、主梁、柱子的顺序进行施工。对只进行部分拆除的建筑，必须先将保留部分加固后再进行分离拆除。

（2）施工中必须由专人负责监测被拆除建筑的结构状态，做好记录。当发现有不稳定状态的趋势时，必须停止作业，采取有效措施，消除隐患。

（3）拆除施工时，应按照施工组织设计选定的机械设备及吊装方案进行施工，严禁超载作业或任意扩大使用范围。机械设备包括液压剪、液压锤等，供机械设备使用的场地必须保证足够的承载力。应具备保证机械设备不发生塌陷、倾覆的工作面。作业中机械不得同时回转、行走。

（4）进行高处拆除作业时，对较大尺寸的构件或沉重的材料，必须采用起重机具及时吊下。拆卸下来的各种材料应及时清理，分类堆放在指定场所，严禁向下抛掷。较大尺寸构件和沉重材料是指楼板、屋架、梁、柱、混凝土构件等。

（5）采用双机抬吊作业时，应选用起重性能相似的起重机，每台起重机载荷不得超过允许载荷的80%，在吊装过程中，两台起重机的吊钩滑轮组应保持垂直状态，且应对每一吊进行试吊作业。施工中必须保持两台起重机同步作业。

（6）拆除吊装作业的起重机司机，必须严格执行操作规程。信号指挥人员必须按照现行国家标准《起重吊运指挥信号》（GB 5082—85）的规定作业。

（7）拆除钢屋架时，必须采用绳索将其拴牢，待起重机吊稳后，方可进行气焊切割作业。吊运过程中，应采用辅助措施使吊物处于稳定状态。

（8）拆除桥梁时应先拆除桥面的附属设施及挂件、护栏等。

（9）应根据被拆除物高度选择拆除机械，不可超高作业。打击点必须选在顶层，不可选在次顶层甚至以下。

（10）镐头机作业高度不够，可以用建筑垃圾垫高机身以满足高度需求，但垫层高度不得超过3m，其宽度不得小于3.5m，两侧坡度不得大于60°。

（11）人、机不可立体交叉作业。机械作业时，在机械回旋半径内不得有人工作业。

（12）严禁在有地下管线处机械作业。如果一定要作业，必须在地面垫整块钢板或走道板，以保护地下管线安全。

（13）在地下管线两侧严禁开挖深沟。如一定要开挖深沟，必须先在有管线的一侧打钢板桩，钢板桩的长度为沟深的2~2.5倍，当沟深超过1.5m时，必须设内撑以防塌方，伤害管线。

（14）机械拆除在分段分割时，必须确保未拆除部分结构的整体完整和稳定。

12 施工用电安全技术

12.1 施工现场临时用电施工组织设计

(1) 按照《施工现场临时用电安全技术规范》（JGJ 46—2005）的规定施工现场临时用电设备在 5 台及以上或设备总容量在 50kW 及以上者，应编制临时用电施工组织设计。

(2) 施工现场临时用电设备在 5 台以下和设备总容量在 50kW 下者，可不编制临时用电施工组织设计，但应编制安全用电措施和电气防火措施，并且严格履行相同的"编制、审核、批准"程序。

12.2 接地与防雷

12.2.1 接地

接地是指设备的一部分为形成导电通路与大地的连接，即将电气设备的某一可导电部分与大地之间用导体连接。接地主要有以下四种类别：

(1) 工作接地：是指为了电路或设备达到运行要求的接地，如变压器低压中性点和发电机中性点的接地。阻值应小于 4Ω。

(2) 保护接地：是指电气设备正常情况下不带电的金属外壳和机械设备的金属构架（件）的接地。阻值应小于 4Ω。

(3) 重复接地：是指设备接地线上一处或多处通过接地装置与大地再次连接的接地。在一个施工现场中，重复接地不能少于三处（始端、中间、末端），阻值应小于 10Ω。

(4) 防雷接地：防雷装置（避雷针、避雷器等）的接地。做防雷接地的电气设备，必须同时做重复接地。阻值应小于 30Ω。

12.2.2 接零

接零即电气设备与零线连接。接零可分为以下两种：

(1) 工作接零：电气设备因运行需要而与工作零线连接。

(2) 保护接零：电气设备正常情况不带电的金属外壳和机械设备的金属构架与保护零线连接。

12.2.3　接地与接零保护系统

1. TN-s 三相五线制的设置要求

（1）在施工现场专用变压器供电时，TN-s 接零保护系统中（图 12-1），电气设备的金属外壳必须与保护零线连接。保护零线应由工作接地线、配电室（总配电箱）电源侧零线或总漏电保护器电源侧零线处引出。

图 12-1　专用变压器供电时 TN-s 接零保护系统示意图

1—工作接地；2—PE 线重复接地；3—电气设备金属外壳（正常不带电
的外露可导电部分）；L_1、L_2、L_3—相线；N—工作零线；PE—保护零线；

DK—总电源隔离开关；RCD—总漏电保护器（兼有短路、过载、
漏电保护功能的漏电断路器）；T—变压器

（2）在 T 接零保护系统中，通过总漏电保护器的工作零线与保护零线之间不得再做电气连接。PE 零线应单独敷设。重复接地线必须与 PE 线相连接，严禁与 N 线相连接。

（3）施工现场的临时用电电力系统严禁利用大地作相线或零线。

（4）保护零线必须采用绝缘导线。配电装置和电动机械相连接的 PE 线应为截面不小于 2.5mm^2 的绝缘多股铜线。手持式电动工具的 PE 线应为截面不小于 1.5mm^2 的绝缘多股铜线。

（5）PE 线上严禁装设开关或熔断器，严禁通过工作电流，且严禁断线。

（6）相线、N 线、PE 线的颜色标记必须符合以下规定：相线 L_1（A）、L_2（B）、L_3（C）的绝缘颜色依次为黄、绿、红色，N 线的绝缘颜色为淡蓝色，PE 线的绝缘颜色为绿黄双色。任何情况下上述颜色标记严禁混用和互相代用。

（7）在 TN 系统中，下列电气设备不带电的外露可导电部分应做保护接零：

1）电机、变压器、电器、照明器具、手持式电动工具的金属外壳；

2）电气设备传动装置的金属部件；

3）配电柜与控制柜的金属框架；

4）配电装置的金属箱体、框架及靠近带电部分的金属围栏和金属门；

5）电力线路的金属保护管、敷线的钢索、起重机的底座和轨道、滑升模板金属操作平台；

6）安装在电力线路杆（塔）上的开关、电容器等电气装置的金属外壳及支架；

7）城防、人防、隧道等潮湿或条件特别恶劣施工现场的电气设备。

2. 接地与接地电阻

（1）TN 系统中的保护零线除必须在配电室或总配电箱处做重复接地外，还必须在配电系统的中间和末端处做重复接地。

（2）在 TN 系统中、保护零线每一处重复接地装置的接地电阻不应大于 10Ω。在工作接地电阻值允许达到 10Ω 的电力系统中，所有重复接地的等效电阻值不应大于 10Ω。

（3）在 TN 系统中，严禁将单独敷设的工作零线再做重复接地。

（4）接地装置的设置应考虑土壤干燥或冻结等季节变化的影响，每一接地装置的接地线应采用 2 根及以上导体，在不同点与接地体做电气连接。不得采用铝导体做接地体或地下接地线。垂直接地体宜采用角钢、钢管或光面圆钢，不得采用螺纹钢。接地可利用自然接地体，但应保证其电气连接和热稳定。

3. 防雷

（1）施工现场内的起重机、井字架、龙门架等机械设备，以及钢脚手架和正在施工的在建工程等的金属结构，当在相邻建筑物、构筑物等设施的防雷装置接闪器的保护范围以外时，应按规定安装防雷装置。

（2）机械设备或设施的防雷引下线可利用该设备或设施的金属结构体，但应保证电气连接。

（3）机械设备上的避雷针（接闪器）长度应为 1~2m。塔式起重机可不另设避雷针（接闪器）。

（4）安装避雷针（接闪器）的机械设备，所有固定的动力、控制、照明、信号及通信线路，宜采用钢管敷设。钢管与该机械设备的金属结构体应做电气连接。

（5）施工现场内所有防雷装置的冲击接地电阻值不得大于 30Ω。

（6）做防雷接地机械上的电气设备，所连接的 PE 线必须同时做重复接地，同一台机械电气设备的重复接地和机械的防雷接地可共用同一接地体，但接地电阻应符合重复接地电阻值的要求。

12.3　架空电缆线路安全要求

（1）架空敷设的电缆宜选用无铠装电缆。

（2）架空电缆应沿电杆、支架或墙壁敷设，并采用绝缘子固定，绑扎线必须采用绝缘线，固定点间距应保证电缆能承受自重所带来的荷载，敷设高度应符合《施工现场临时用电安全技术规范》（JGJ 46—2005）的要求，但沿墙壁敷设时最大弧垂距地不得小于 2.0m。架空电缆严禁沿脚手架、树木或其他设施敷设。

（3）在建工程内的电缆线路必须采用电缆埋地引入，严禁穿越脚手架引入。电缆垂直敷设应充分利用在建工程的竖井、垂直孔洞等，并宜靠近用电负荷中心，固定点每楼层不得少于一处。电缆水平敷设宜沿墙或门口刚性固定，最大弧垂距地不得小于 2.0m。

（4）装饰装修工程或其他特殊阶段，应补充编制单项施工用电方案。电源线可沿墙角、地面敷设，但应采取防机械损伤和电火措施。

（5）电缆线路必须有短路保护和过载保护。

12.4 配电箱及开关箱

12.4.1 配电箱、开关箱的设置位置要求

（1）总配电箱应设在靠近电源的区域，分配电箱应设在用电设备或负荷相对集中的区域。分配电箱与开关箱的距离不得超过30m，开关箱与其控制的固定式用电设备的水平距离不宜超过3m。

（2）配电箱、开关箱应装设在干燥、通风及常温场所，不得装设在有严重损伤作用的瓦斯、烟气、沼气及其他有害介质中，亦不得装设在易受外来固体物撞击、强烈振动、液体浸溅及热源烘烤场所。否则，应予清除或做防护处理。

（3）配电箱、开关箱周围应有足够2人同时工作的空间和通道，不得堆放任何妨碍操作、维修的物品，不得有灌木、杂草。

（4）配电箱、开关箱应装设端正、牢固。固定式配电箱、开关箱的中心点与地面的垂直距离应为1.4～1.6m。移动式配电箱、开关箱应装设在坚固、稳定的支架上，其中心点与地面的垂直距离宜为0.8～1.6m。

12.4.2 配电箱、开美箱电器安装的要求

（1）配电箱、开关箱内的电器必须可靠、完好，严禁使用破损、不合格的电器。

（2）配电箱、开关箱内的电器（含插座）应先安装在金属或非木质阻燃绝缘电器安装板上，然后方可整体紧固在配电箱、开关箱箱体内。金属电器安装板与金属箱体应做电气连接。

（3）配电箱的电器安装板上必须分设N线端子板和PE线端子板。N线端子板必须与金属电器安装板绝缘，PE线端子板必须与金属电器安装板做电气连接。进出线中的N线型须通过N线端子板连接，PE线必须通过PE线端子板连接。

（4）配电箱、开关箱内的连接线必须采用铜芯绝缘导线。导线绝缘的颜色标志应按要求配置并排列整齐。导线分支接头不得采用螺栓压接，应采用焊接并做绝缘包扎，不得有外露带电部分。

（5）配电箱、开关箱的金属箱体、金属电器安装板以及电器正常不带电的金属底座、外壳等必须通过PE线端子板与PE线做电气连接，金属箱门与金属箱体必须通过采用编织软铜线做电气连接。

12.4.3 配电箱、开关箱导线进出口处的要求

（1）配电箱、开关箱中导线的进线口和出线口应设在箱体的下底面。

（2）配电箱、开关箱的进、出线口应配置固定线卡，进出线应加绝缘护套并成束卡固定在箱体上，不得与箱体直接接触。移动式配电箱、开关箱的进、出线应采用橡皮护套绝

缘电缆，不得有接头。

（3）配电箱、开关箱的电源进线端严禁采用插头和插座做活动拉接。

（4）配电箱、开关箱的进线和出线严禁承受外力，严禁与金属尖锐断口、强腐蚀介质和易燃易爆物接触。

12.4.4 漏电保护器

（1）漏电保护器应装设在总配电箱、开关箱靠近负荷的一侧，且不得用于启动电气设备的操作。

（2）开关箱中漏电保护器的额定漏电动作电流不应大于 30mA，额定漏电动作时间不应大于 0.1s。使用于潮湿或有腐蚀介质场所的漏电保护器应采用防溅型产品，其额定漏电动作电流不应大于 15mA，额定漏电动作时间不应大于 0.1s。总配电箱中漏电保护器的额定漏电动作电流应大于 30mA，额定漏电动作时间应大于 0.1s，但其额定漏电动作电流与额定漏电动作时同的乘积不应大于 30mA·s。

（3）总配电箱和开关箱中漏电保护器的极数和线数必须与其负荷侧负荷的相数和线数一致。

（4）配电箱、开关箱中的漏电保护器宜选用无辅助电源型（电磁式）产品，或选用辅助电源故障时能自动断开的辅助电源型（电子式）产品。当选用辅助电源故障时，不能自动断开的辅助电源型（电子式）产品时，应同时设置缺相保护。

（5）漏电保护器应按产品说明书安装、使用，对搁置已久重新使用或连续使用的漏电保护器应逐月检测其特性，发现问题应及时修理或更换。

（6）漏电保护器的正确接线方法应按图 12-2 选用。

12.4.5 配电箱及开关箱的使用和维修

（1）配电箱、开关箱应有名称、用途、分路标记及系统接线图，并应由专人负责。

（2）配电箱、开关箱应定期检查、维修。检查、维修人员必须是专业电工。检查、维修时必须按规定穿、戴绝缘鞋、手套，必须使用电工绝缘工具，并应做检查、维修工作记录。

（3）对配电箱、开关箱进行定期维修、检查时，必须将其前一级相应的电源、隔离开关分闸断电，并悬挂"禁止合闸、有人工作"停电标志牌，严禁带电作业。

（4）配电箱、开关箱必须按照下列顺序操作：①进电操作顺序为：总配电箱→分配电箱→开关箱；②停电操作顺序为：开关箱→分配电箱→总配电箱。

但出现电气故障的紧急情况可除外。

（5）施工现场停止作业 1 小时以上时，应将动力开关箱断电上锁。

（6）配电箱、开关箱内不得放置任何杂物，并应保持整洁。不得随意挂接其他用电设备。配电箱、开关箱内的电器配置和接线严禁随意改动。

（7）熔断器的熔体更换时，严禁采用不符合原规格的熔体代替漏电保护器。每天使用前应启动漏电试验按钮试跳一次，试跳不正常时严禁继续使用。

图 12-2 漏电保护器使用正确接线方法示意图

L_1、L_2、L_3—相线；N—工作零线；PE—保护零线、保护线；

1—工作接地；2—重复接地；T—变压器；RCD—漏电保护器；

H—照明器；W—电焊机；M——电动机

12.4.6 配电箱及开关箱电器装置的选择

1. 总配电箱

总配电箱的电器应具备电源隔离，正常接通与分断电路，以及短路、过载、漏电保护功能。电器设置应符合下列原则：

（1）当总路设置总漏电保护器时，还应装设总隔离开关、分路隔离开关及总断路器、分路断路器或总熔断器、分路熔断器。当所设总漏电保护器是同时具备短路、过载、漏电保护功能的漏电断路器时，可不设总断路器或总熔断器。

（2）当各分路设置分路漏电保护器时，还应装设总隔离开关、分路隔离开关以及总断路器、分路断路器或总熔断器、分路熔断器。当分路所设漏电保护器是同时具备短路、过载、漏电保护功能的漏电断路器时，可不设分路断路器或分路熔断器。

（3）隔离开关应设置于电源进线端，应采用分断时具有可见分断点并能同时断开电源所有极的隔离电器。如采用分断时具有可见分断点的断路器，可不另设隔离开关。

（4）熔断器应选用具有可靠灭弧分断功能的产品。

（5）总开关电器的额定值、动作整定值应与分路开关电器的额定值、动作整定值相适应。

（6）总配电箱应装设电压表、总电流表、电度表及其他需要的仪表。专用电能计量仪表的装设应符合当地供用电管理部门的要求。装设电流互感器时，其二次回路必须与保护零线有一个连接点，且严禁断开电路。

（7）总配电箱以下可设若干分配电箱。

2. 分配电箱

（1）分配电箱应装设总隔离开关、分路隔离开关以及总断路器、分路断路器或总熔断器、分路熔断器，其设置和选择应符合规范要求。

（2）分配电箱以下可设若干开关箱。

3. 开关箱

（1）每台用电设备必须有各自专用的开关箱，严禁用同一个开关箱直接控制 2 台及 2 台以上用电设备（含插座）。

（2）开关箱中各种开关电器的额定值和动作整定值应与其控制用电设备的额定值和特性相适应。

（3）开关箱必须装设隔离开关、断路器或熔断器以及漏电保护器。当漏电保护器是同时具有短路、过载、漏电保护功能的漏电断路器时，可不装设断路器或熔断器。隔离开关应采用分断时具有可见分断点，能同时断开电源所有极的隔离电器，并应设置于电源进线端。当断路器是具有可见分断点时，可不另设隔离开关。

（4）开关箱中的隔离开关只可直接控制照明电路和容量不大于 3.0kW 的动力电路，但不应频繁操作。存量大于 3.0kW 的动力电路应采用断路器控制，操作频繁时还应附设接触器或其他启动控制装置。

12.5　现　场　照　明

12.5.1　照明器安全电压的选用

（1）一般场所宜选用额定电压为 220V 的照明器。

（2）下列特殊场所应使用安全特低电压照明器：

1）隧道、人防工程、高温、有导电灰尘、比较潮湿或灯具离地面高度低于 2.5m 等场所的照明，电源电压不应大于 36V；

2）潮湿和易触及带电体场所的照明，电源电压不得大于 24V；

3）特别潮湿场所、导电良好的地面，锅炉或金属容器内的照明，电源电压不得大于 12V。

（3）使用行灯应符合下列要求：

1）电源电压不大于 36V；

2）灯体与灯柄应坚固、绝缘良好并耐热耐潮湿；

3）灯头与灯体结合牢固，灯头无开关；

4）灯泡外部有金属保护网；

5）金属网、反光罩、悬吊挂钩均应固定在灯具的绝缘部位上。

（4）远离电源的小面积工作场地、道路照明、警卫照明或额定电压为 12～36V 照明的场所其电压允许偏移值为额定电压值的 5% ~ 10%，其余场所电压允许偏移值为额定电压值的 ±5%。

12.5.2 照明装置

（1）照明灯具的金属外壳必须与 PE 线相连接、照明开关箱内必须装设隔离开关、短路与过载保护电器和满电保护器，并应符合规范的规定。

（2）室外 220V 灯具距地面不得低于 3m，室内 200V 灯具距地面不得低于 2.5m。

（3）普通灯具与易燃物的距离不宜小于 300mm。

（4）聚光灯、碘钨灯等高热灯具与易燃物的距离不宜小于 500mm，且不得直接照射易燃物。达不到规定安全距离时，应采取隔热措施。碘钨灯及钠、铊、铟等金属卤化物灯具的安装高度宜在 3m 以上，灯线宜固定在接线柱上，不得靠近灯具表面。

（5）路灯的每个灯具应单独装设熔断器保护。灯头线应做防水弯。

（6）荧光灯管应采用管座固定或用吊链悬挂。荧光灯的镇流器不得安装在易燃的结构物上。

（7）投光灯的底座应安装牢固，应按需要的光轴方向将枢轴拧紧固定。

（8）螺口灯头的绝缘外壳应无损伤、不漏电，相线接在与中心触头相连的一端，零线接在与螺纹口相连的一端。

（9）灯具内的接线必须牢固，灯具外的接线必须做可靠的防水绝缘包扎。

（10）暂设工程的照明灯具宜采用拉线开关控制，拉线开关距地面高度为 2 ~ 3m，拉线的出口向下；其他开关距地面高度为 1.3m，与出入口的水平距离均为 0.15 ~ 0.2m。

（11）灯具的相线必须经开关控制，不得将相线直接引入灯具。

（12）对夜间影响飞机或车辆通行的在建工程及机械设备，必须设置醒目的红色信号灯，其电源应设在施工现场总电源开关的前侧，并应设置外电线路停止供电时的应急自备电源。

13 特殊工种人员安全管理

13.1 电 工

13.1.1 外线电工

（1）电工作业必须经专业安全技术培训，考试合格，持《特种作业操作证》方准上岗独立操作。非电工严禁进行电气作业。

（2）电工接受施工现场暂设电气安装任务后，必须认真领会落实临时用电安全施工组织设计（施工方案）和安全技术措施交底的内容，施工用电线路架设必须按施工图规定进行，凡临时用电使用超过 6 个月（含 6 个月）以上的，应按正式线路架设。改变安全施工组织设计规定，必须经原审批人员同意签字，未经同意不得改变。

（3）电工作业时，必须穿绝缘鞋。必要时戴绝缘手套，严禁带病和酒后操作。

（4）所有绝缘、检测工具应妥善保管，严禁他用，并应定期检查、校验。所有接地或接零处，必须保证可靠的电气连接。保护线 PE 必须采用绿/黄双色线，严格与相线、工作零线相区别，不得混用。

（5）电气设备的设置、安装、防护、使用、维修必须符合《施工现场临时用电安全技术规范》（JGJ 46—2005）的要求。

（6）在施工现场专用的中性点直接接地的电力系统中，必须采用 TN—S 接零保护。

（7）电气设备不带电的金属外壳、框架、部件、管道、金属操作台和移动式碘钨灯的金属柱等，均应做保护接零。

（8）定期和不定期对临时用电工程的接地、设备绝缘和漏电保护开关进行检测、维修，发现隐患及时消除，并建立检测维修记录。

（9）施工现场搬运电杆时，应由专人指挥。小车搬运，必须绑扎牢固，防止滚动。人抬时，前后要响应，协调一致。

（10）人工立电杆时，应有专人指挥。立杆前检查工具是否牢固可靠。地锚钎子要牢固可靠，缆风绳各方向吃力应均匀。操作时，互相配合，听从指挥，用力均衡；机械立杆，吊车臂下不准站人，上空（吊车起重臂杆回转半径内）所有带电线路必须停电。

（11）电杆就位移动时，坑内不得有人。电杆立起后，必须先架好叉木，才能撤去吊钩。电杆坑填土夯实后才允许撤掉叉木、缆风绳。

（12）登杆作业应符合以下要求：

1）登杆组装横担时，活板子开口要合适，不得用力过猛。

2）登杆脚扣规格应与杆径相适应。使用脚踏板、钩子应向上。使用的机具、护具应完好无损。操作时系好安全带，并拴在安全可靠处，扣环扣牢，严禁将安全带拴在瓷瓶或横担上。

3）杆上作业时，禁止上下投掷料具。料具应放在工具袋内，上下传递料具的小绳应牢固可靠。人递完料具后，要离开电杆3m以外。

4）杆上紧线应侧向操作，并将夹紧螺栓拧紧，紧有角度的导线时，操作人员应在外侧作业。紧线时装设的临时脚踏支架应牢固。如用大竹梯，必须用绳将梯子与电杆绑扎牢固。调整拉线时，杆上不得有人。

5）紧绳用的钢丝或钢丝绳，应能承受全部拉力，与电线连接必须牢固。紧线时导线下方不得有人。终端紧线时反方向应设置临时拉线。

6）遇大雨、大雪及六级以上强风天，应停止登杆作业。

（13）架空线路和电缆线路敷设、使用、维护必须符合《施工现场临时用电安全技术规范》（JGJ 46—2005）的要求。

（14）工程竣工后，临时用电工程拆除，应按顺序先断电源，后拆除。不得留有隐患。

13.1.2 安装电工

1. 设备安装

（1）电气设备安装电工必须持证上岗；不得带病和酒后作业。

（2）安装高压油开关、自动空气开关等有返回弹簧的开关设备时，应将开关置于断开位置。

（3）搬运配电柜时，应有专人指挥，步调一致。多台配电盘（箱）并列安装时，手指不得放在两盘（箱）的接合部位，不得触摸连接螺孔及螺丝。

（4）露天使用的电气设备，应有良好的防雨性能或有可靠的防雨设施。配电箱必须牢固、完整、严密。使用中的配电箱内禁止放置杂物。成品配电箱必须具有生产许可证（3C认证件）、产品合格证、箱内电器接线图和使用说明书。

（5）剔槽、打洞时，必须戴防护眼镜，锤子柄不得松动，錾子不得卷边、裂纹。打过墙、楼板透眼时，墙体后面，楼板下面不得有人靠近。

2. 内线安装

（1）电气线路安装电工必须持证上岗；不得带病和酒后作业。

（2）安装照明线路时，不得直接在板条天棚或隔声板上行走或堆放材料；因作业需要行走时，必须在大楞上铺设脚手板；天棚内照明应采用36V低压电源。

（3）在脚手架上作业，脚手板必须满铺，不得有空隙和探头板。使用的料具，应放入工具袋随身携带，不得投掷。

（4）在平台、楼板上用人力弯管器煨弯时，应选择安全场地，四周做好防护措施。大管径管子灌沙掹管时，必须将沙子用火烘干后灌入。用机械敲打时，下面不得站人，人工敲打上下要错开；管子加热时，管口前不得有人停留。

（5）管子穿带线时，不得对管口呼唤、吹气，防止带线弹出。二人穿线，应配合协调，一呼一应。高处穿线，不得用力过猛。

（6）钢索吊管敷设，在断钢索及卡固时，应预防钢索头扎伤。绷紧钢索应用力适度，防止花篮螺栓折断。

（7）使用套管机、电砂轮、台钻、手电钻时，应保证绝缘良好，并有可靠的接零接地，漏电保护装置灵敏有效。

3. 施工现场变配电及维修

（1）高配电工及维修电工必须持证上岗；不得带病和酒后作业。

（2）现场变配电高压设备，不论带电与否，单人值班严禁跨越遮栏和从事修理工作。

（3）高压带电区域内部分停电工作时，人体与带电部分必须保持安全距离，并应有人监护。

（4）在变配电室内，外高压部分及线路工作时，应按顺序进行。停电、验电悬挂地线，操作手柄应上锁或挂标示牌。

（5）验电时必须戴绝缘手套，按电压等级使用验电器。在设备两侧各相或线路各相分别验电。验明设备或线路确实无电后，即将检修设备或线路做短路接地。

（6）装设接地线，应由两人进行。先接接地端，后接导体端，拆除时顺序相反。拆接时均应穿戴绝缘防护用品。设备或线路检修完毕，必须全面检查无误后，方可拆除接地线。

（7）接地线应使用截面不小于 $25mm^2$ 的多股软裸铜线和专用线夹。严禁使用缠绕的方法进行接地和短路。

（8）用绝缘棒或传统机构拉、合高压开关，应戴绝缘手套。雨天室外操作时，除穿戴绝缘防护用品外，绝缘棒应有防雨罩，应专人监护。严禁带负荷拉、合开关。

（9）电气设备的金属外壳必须接地或接零。同一供电系统不允许一部分设备采用接零，另一部分采用接地保护。

（10）电气设备所用的保险丝（片）的额定电流应与其负荷量相适应。严禁用其他金属线代替保险丝（片）。

13.2　焊　　工

13.2.1　电焊工

1. 一般要求

（1）金属焊接作业人员，必须经专业安全技术培训，考试合格，持《特种作业人员操作证》方准上岗独立操作。非电焊工严禁进行电焊作业。明火作业应有动火审批手续和防火措施、监护人员。

（2）操作时应穿电焊工作服、绝缘鞋和戴电焊手套、防护面罩等安全防护用品，高处作业时系安全带。

（3）电焊作业现场周围 10m 范围内不得堆放易燃易爆物品。

（4）雨、雪、风力六级以上（含六级）天气不得露天作业。雨、雪后应清除积水、积雪方可作业。

（5）操作前应首先检查焊机和工具，如焊钳和焊接电缆的绝缘、焊机外壳保护接地和焊机的各接线点等，确认安全合格后方可作业。

（6）严禁在易燃易爆气体或液体扩散区域内、运行中的压力管道和装有易燃易爆物品的容器内以及受力构件上焊接和切割。

（7）焊接曾经储存易燃、易爆物品的容器时，应根据介质进行多次置换及清洗，并打开所有孔口，经检测确认安全后方可施焊。

（8）在密封容器内施焊时，应采取通风措施。间歇作业时焊工应到外面休息。容器内照明电压不得超过12V。焊工身体应用绝缘材料与焊件隔离。焊接时必须设专人监护，监护人应熟知焊接操作规程和抢救方法。

（9）焊接铜、铝、铅、锌合金金属时，必须穿戴防护用品，在通风良好的地方作业。在有害介质场所进行焊接时，应采取防毒措施，必要时进行强制通风。

（10）施焊地点潮湿或焊工身体出汗后致使衣服潮湿时，严禁靠在带电钢板或工件上，焊工应在干燥的绝缘板或胶垫上作业，配合人员应穿绝缘鞋或站在绝缘板上。

（11）焊接过程中临时接地线头严禁浮搭，必须固定、压紧，用胶布包严。

（12）操作时遇下列情况必须切断电源。

1）改变电焊机接头时。

2）更换焊件需要改接二次回路时。

3）转移工作地点搬动焊机时。

4）焊机发生故障需进行检修时。

5）更换保险装置时。

6）工作完毕或临时离开操作现场时。

（13）焊工高处作业必须遵守下列规定：

1）必须使用标准的防火安全带，并系在可靠的构架上。

2）必须在作业点正下方5m外设置护栏，并设专人监护。必须清除作业点下方区域易燃、易爆物品。

3）必须戴盔式面罩。焊接电缆应绑紧在固定处，严禁绕在身上或搭在背上作业。

4）焊工必须站在稳固的操作平台上作业，焊机必须放置平稳、牢固，设有良好的接地保护装置。

（14）操作时严禁焊钳夹在腋下去搬被焊工件或将焊接电缆挂在脖颈上。

（15）焊接时二次线必须双线到位，严禁借用金属管道、金属脚手架、轨道及结构钢筋作回路地线。焊把线无破损、绝缘良好。焊把线必须加装电焊机触电保护器。

（16）焊接电缆通过道路时，必须架高或采取其他保护措施。

（17）焊把线不得放在电弧附近或炽热的焊缝旁，不得碾轧焊把线。应采取防止焊把线被尖利器物损伤的措施。

（18）清除焊渣时应佩戴防护眼镜或面罩。焊条头应集中堆放。

（19）下班后必须拉闸断电，必须将地线和把线分开，并确认工作场所安全后方可离开现场。

2. 电焊设备安全使用

（1）电焊机必须安放在通风良好、干燥、无腐蚀介质、远离高温高湿和多粉尘的地方。露天使用的焊机应搭设防雨棚，焊机应用绝缘物垫起，垫起高度不得小于20cm，按规定配备消防器材。

（2）电焊机使用前，必须检查绝缘及接线情况，接线部分必须使用绝缘胶布缠严，不得腐蚀、受潮及松动。

（3）电焊机必须设单独的电源开关、自动断电装置。一次线电源线长度应不大于5m，二次线焊把线长度应不大于30m。两侧接线应压接牢固，必须安装可靠防护罩。

（4）电焊机的外壳必须设可靠的接零或接地保护。

（5）电焊机焊接电缆线必须使用多股细铜线电缆，其截面应根据电焊机使用规定选用。电缆外皮应完好、柔软，其绝缘电阻不小于1MΩ。

（6）电焊机内部应保持清洁，定期吹净尘土，清扫时必须切断电源。

（7）电焊机启动后，必须空载运行一段时间。调节焊接电流及极性开关应在空载下进行。直流焊机空载电压不得超过90V，交流焊机空载电压不得超过80V。

（8）使用氩弧焊机作业应遵守下列规定：

1）工作前应检查管路，气管、水管，不得受压、泄漏。

2）氩气减压阀、管接头不得沾有油脂。安装后应试验，管路应无障碍、不漏气。

3）水冷型焊机冷却水应保持清洁，焊接中水流量应正常，严禁断水施焊。

4）高频氩弧焊机，必须保证高频防护装置良好，不得发生短路。

5）更换钨极时，必须切断电源。磨削钨极必须戴手套和口罩。磨削下来的粉尘应及时清除。钍、铈钨极必须放置在密闭的铅盒内保存，不得随身携带。

6）氩气瓶内氩气不得用完，应保留98～226kPa。氩气瓶应直立、固定放置，不得倒放。

7）作业后切断电源，关闭水源和气源。焊接人员必须及时脱去工作服，清洗手脸和外露的皮肤。

（9）使用二氧化碳气体保护焊机作业应遵守下列规定。

1）作业前预热15min，开气时，操作人员必须站在瓶嘴的侧面。

2）焊钳弹簧失效，应立即更换。钳口处应经常保持清洁。

3）焊接电缆应具备良好的导电能力，导体不得外露。

4）二氧化碳气体预热器端的电压不得高于36V。

5）二氧化碳气瓶应放在阴凉处，不得靠近热源。最高温度不得超过30℃，并应放置牢靠。

6）作业前应检查焊丝的进给机构、电源的连接部分、二氧化碳气体的供应系统以及冷却水循环系统，其均应符合要求。

（10）使用埋弧自动、半自动焊机作业应遵守下列规定：

1）作业前应进行检查，送丝滚轮的沟槽及齿纹应完好，滚轮、导电嘴（块）必须接触良好，减速箱油槽中的润滑油应充量合格。

2）软管式送丝机构的软管槽孔应保持清洁，定期吹洗。

（11）焊钳和焊接电缆应符合下列规定：

1）焊钳应保证任何斜度都能夹紧焊条，且便于更换焊条。

2）焊钳必须具有良好的绝缘、隔热能力。手柄绝热性能应良好。

3）焊钳与电缆的连接应简便可靠，并有绝缘外层。

4）焊接电缆的选择应根据焊接电流的大小和电缆长度，按规定选用较大的截面积。

5）焊接电缆接头应采用铜导体，且接触良好，安装牢固可靠。

3. 不锈钢焊接

（1）不锈钢焊接的焊工除应具备电焊工的安全操作技能外，还必须熟练地掌握氩弧焊接、等离子切割、不锈钢酸洗钝化等方面的安全防护和安全操作技能。

（2）使用直流焊机应遵守以下规定：

1）操作前应检查焊机外壳的接地保护、一次电源线接线柱的绝缘、防护罩、电压表、电流表的接线、焊机旋转方向与机身指示标志和接线螺栓等，均合格、齐全、灵敏、牢固方可操作。

2）焊机应垫平、放稳。多台焊机在一起应留有间距500mm以上，必须一机一闸，一次电源线不得大于5m。

3）旋转直流弧焊机应有补偿器和"启动"、"运转"、"停止"的标记。合闸前应确认手柄是否在"停止"位置上。启动时，辨别转子是否旋转，旋转正常再将手柄扳到"运转"位置。焊接时突然停电，必须立即将手柄扳到"停止"位置。

4）不锈钢焊接采用"反接极"，即工件接负极。如焊机正负标记不清或转换钮与标记不符，必须用万能表测量出正负极性，确认后方可操作。

5）不锈钢焊条药皮易脱落，停机前必须将焊条头取下或将焊机把挂好，严禁乱放。

（3）一般不锈钢设备用于贮存或输送有腐蚀性、有毒性的液体或气体物质，不得在带压运行中的不锈钢容器或管道上施焊。不得借路设备管道做焊接导线。

（4）焊接或修理贮存过化学物品或有毒物质的容器或管道，必须采取蒸气清扫、苏打水清洗等措施。置换后，经检测分析合格，打开孔口或注满水再进行焊接。严禁盲目动火。

（5）不锈钢的制作和焊接过程中，焊前对坡口的修整和焊缝的清理使用砂轮打磨时，必须检查砂轮片和紧固，确认安全可靠，戴上护目镜后，方可打磨。

（6）在容器内或室内焊接时，必须有良好的通风换气措施或戴焊接专用的防尘面罩。

（7）氩弧焊应遵守以下规定：

1）手工钨极氩弧焊接不锈钢，电源采用直流正接，工件接正，钨极接负。

2）用交流钨极氩弧焊机焊接不锈钢，应采用高频为稳弧措施，将焊枪和焊接导线用金属纺织线进行屏蔽。预防高频电磁场对握焊枪和焊丝的双手的刺激。

3）手工氩弧焊的操作人员必须穿工作服、扣齐纽扣、穿绝缘鞋、戴柔软的皮手套。在容器内施焊应戴送风式头盔、送风式口罩或防毒口罩等个人防护用品。

4）氩弧焊操作场所应有良好自然通风或用换气装置将有害气体和烟尘及时排出，确保操作现场空气流通。操作人员应位于上风处，并应采取间歇作业法。

5）凡患有中枢神经系统器质性疾病、植物神经功能紊乱、活动性肺结核、肺气肿、精神病或神经官能症者，不宜从事氩弧焊不锈钢焊接作业。

（8）不锈钢焊工酸洗和钝化应遵守以下规定：

1）不锈钢酸洗钝化使用不锈钢丝刷子刷焊缝时，应由里向外推刷子，不得来回刷。从事不锈钢酸洗时，必须穿防酸工作服、戴口罩、防护眼镜、乳胶手套和穿胶鞋。

2）凡患有呼吸系统疾病者，不宜从事酸洗操作。

3）化学物品，特别是氢氟酸必须妥善保管，必须有严格领用手续。

4）酸洗钝化后的废液必须经专门处理，严禁乱倒。

（9）不锈钢等金属在用等离子切割过程中，必须遵守氩弧焊接的安全操作规定。焊接时由于电弧作用所传导的高温，有色金属受热膨胀，当电弧停止时，不得立即去查看焊缝。

13.2.2　气焊工

（1）点燃焊（割）炬时，应先开乙炔阀点火，然后开氧气阀调整火焰。关闭时应先关闭乙炔阀，再关氧气阀。

（2）点火时，焊炬不得对着人，不得将正在燃烧的焊炬放在工件或地面上。焊炬带有乙炔气和氧气时，不得放在金属容器内。

（3）作业中发现气路或气阀漏气时，必须立即停止作业。

（4）作业中若氧气管着火应立即关闭氧气阀门，不得折弯胶管断气；若乙炔管着火，应先关熄炬火，可用弯折前面一段软管的办法止火。

（5）高处作业时，氧气瓶、乙炔瓶、液化气瓶不得放在作业区域正下方，应与作业点正下方保持10m以上的距离。必须清除作业区域下方的易燃物。

（6）不得将橡胶软管背在背上操作。

（7）作业后应卸下减压器，拧上气瓶安全帽，将软管盘起捆好，挂在室内干燥处；检查操作场地，确认无着火危险后方可离开。

（8）冬天露天作业时，如减压阀软管和流量计冻结，应使用热水（热水袋）、蒸汽或暖气设备化冻，严禁用火烘烤。

（9）使用氧气瓶应遵守下列规定：

1）氧气瓶在运输时应平放，并加以固定，其高度不得超过车厢槽帮。

2）严禁用自行车、叉车或起重设备吊运高压钢瓶。

3）氧气瓶应设有防震圈和安全帽，搬运和使用时严禁撞击。

4）氧气瓶阀不得沾有油脂、灰土。不得用带油脂的工具、手套或工作服接触氧气瓶阀。

5）氧气瓶不得在强烈阳光下曝晒，夏季露天工作时，应搭设防晒罩、棚。

6）开启氧气瓶阀门时，操作人员不得面对减压器，应用专用工具。开启动作要缓慢，压力表指针应灵敏、正常。氧气瓶中的氧气不得全部用尽，必须保持不小于49kPa的压强。

7）严禁使用无减压器的氧气瓶作业。

8）安装减压器时，应首先检查氧气瓶阀门，接头不得有油脂，并略开阀门清除油垢，然后安装减压器。作业人员不得正对氧气瓶阀门出气口。关闭氧气阀门时，必须先松开减压器的活门螺丝。

9）作业中，如发现氧气瓶阀门失灵或损坏不能关闭时，应待瓶内的氧气自动逸尽后，再行拆卸修理。

10）检查瓶口是否漏气时，应使用肥皂水涂在瓶口上观察，不得用明火试验。

（10）使用乙炔瓶应遵守下列规定：

1）现场乙炔瓶储存量不得超过5瓶，5瓶以上时应放在储存间。储存间与明火的距离不得小于15m，并应通风良好，设有降温设施、消防设施和通道，避免阳光直射。

2）储存乙炔瓶时，乙炔瓶应直立，并必须采取防止倾斜的措施。严禁与氯气瓶、氧气瓶及其他易燃、易爆物同间储存。

3）储存间必须设专人管理，应在醒目的地方设安全标志。

4）应使用专用小车运送乙炔瓶。装卸乙炔瓶的动作应轻，不得抛、滑、滚、碰。严禁剧烈震动和撞击。

5）汽车运输乙炔瓶时，乙炔瓶应妥善固定。气瓶宜横向放置，头向一方。直立放置时，车厢高度不得低于瓶高的2/3。

6）乙炔瓶在使用时必须直立放置。

7）乙炔瓶与热源的距离不得小于10m。乙炔瓶表面温度不得超过40℃。

8）乙炔瓶使用时必须装设专用减压器，减压器与瓶阀的连接应可靠，不得漏气。

9）乙炔瓶内气体不得用尽，必须保留不小于98kPa的压强。

10）严禁铜、银、汞等及其制品与乙炔接触。

（11）使用液化石油气瓶应遵守下列规定：

1）液化石油气瓶必须放置在室内通风良好处，室内严禁烟火，并按规定配备消防器材。

2）气瓶冬季加温时，可使用40℃以下温水，严禁火烤或用沸水加温。

3）气瓶在运输、存储时必须直立放置，并加以固定，搬运时不得碰撞。

4）气瓶不得倒置，严禁倒出残液。

5）瓶阀管子不得漏气，丝堵、角阀丝扣不得锈蚀。

6）气瓶不得充满液体，应留出10%~15%的气化空间。

7）胶管和衬垫材料应采用耐油性材料。

8）使用时应先点火，后开气，使用后关闭全部阀门。

（12）使用减压器应遵守下列规定：

1）不同气体的减压器严禁混用。

2）减压器出口接头与胶管应扎紧。

3）减压器冻结时应采用热水或蒸汽加热解冻，严禁用火烤。

4）安装减压器前，应略开氧气阀门，吹除污物。

5）安装减压器前应进行检查，减压器不得沾有油脂。

6）打开氧气阀门时，必须慢慢开启，不得用力过猛。

7）减压器发生自流现象或漏气时，必须迅速关闭氧气瓶气阀，卸下减压器进行修理。

（13）使用焊具和割具应遵守下列规定：

1）使用焊具和割具前必须检查射吸情况，射吸不正常时，必须修理，正常后方可使用。

2）焊具和割具点火前，应检查连接处和各气阀的严密性，连接处和气阀不得漏气；焊嘴、割嘴不得漏气、堵塞。使用过程中，如发现焊具、割具气体通路和气阀有漏气现象，应立即停止作业，修好后再使用。

3）严禁在氧气阀门和乙炔阀门同时开启时用手或其他物体堵住焊嘴或割嘴。

4）焊嘴或割嘴不得过分受热，温度过高时，应放入水中冷却。

5）焊具、割具的气体通路均不得沾有油脂。

（14）橡胶软管应遵守下列规定：

1）橡胶软管必须能承受气体压力；不同种类的气体软管不得混用。

2）胶管的长度不得小于5m，以10～15m为宜，氧气软管接头必须扎紧。

3）使用中，氧气软管和乙炔软管不得沾有油脂，不得触及灼热金属或尖刃物体。

13.3　架　子　工

（1）建筑登高作业架子工，必须经专业安全技术培训，考试合格，持特种作业操作证上岗作业。架子工的徒工必须办理学习证，在技工带领、指导下操作，非架子工未经同意不得单独进行作业。

（2）架子工必须经过体检，凡患有高血压、心脏病、癫痫病、恐高或视力不够以及不适合于登高作业的，不得从事登高架设作业。

（3）正确使用个人安全防护用品，必须着装灵便（紧身紧袖），在高处（2m以上）作业时，必须佩戴安全带与已搭好的立、横杆挂牢，穿防滑鞋。作业时精神要集中、团结协作、互相呼应、统一指挥，不得"走过档"和跳跃架子，严禁打闹斗殴、酒后上班。

（4）班组（队）接受任务后，必须组织全体人员，认真领会脚手架专项安全施工组织设计和安全技术措施交底，研讨搭设方法，明确分工，并派1名技术好、有经验的人员负责搭设技术指导和监护。

（5）风力六级以上（含六级）强风和高温、大雨、大雪、大雾等恶劣天气，应停止高处露天作业。风、雨、雪过后要进行检查，发现已搭架子倾斜下沉、松扣、崩扣要及时修复，合格后方可使用。

（6）脚手架要结合工程进度搭设，搭设未完的脚手架，在离开作业岗位时，不得留有未固定构件和安全隐患，应确保架子稳定。

（7）在带电设备附近搭、拆脚手架时，宜停电作业。在外电架空线路附近作业时，脚手架外侧边缘与外电架空线路的边线之间的最小安全操作距离不得小于表13-1的数值。

脚手架外侧边缘与外电架空线路边线的最小安全距离　　　　表13-1

外电线路电压等级（kV）	<1	1~10	35~110	220	330~500
最小安全操作距离（m）	4.0	6.0	8.0	10.0	15.0

（8）各种非标准的脚手架，高度过高、跨度过大、负载超重等超过一定规模的危险性较大的脚手架工程，模板工程及支撑体系及特殊架子或其他新型脚手架，应制订专项安全施工组织设计，经专家论证，有关责任单位和责任人批准后，按照批准的意见进行作业。

（9）脚手架搭设到高于在建建筑物顶部时，里排立杆要低于沿口40~50mm，外排立杆高出沿口1~1.5m，搭设两道护身栏和护脚板，并挂密目安全网。

（10）脚手架搭设、拆除、维修和升降必须由架子工负责，非架子工不准从事脚手架操作。

13.4　爆　破　工

13.4.1　一般规定

（1）露天、地下、水下和其他爆破，必须按审批的爆破设计书（施工方案）或爆破说明书进行。

硐室爆破、蛇穴爆破、深孔爆破、金属爆破、拆除爆破以及在特殊环境下的爆破工作，都必须编制爆破安全专项施工组织设计书（施工方案），经专家论证，主管人员批准后方可实施。

裸露药包爆破和浅眼爆破应编制爆破说明书。

爆破设计书应由单位的主要负责人批准。爆破说明书由单位的总工程师或爆破工作领导人批准。按规定应有爆破安全行政受理部门（一般为公安部门）审批的，必须经其批准后，按批准的意见实施。

（2）在城镇居民区、风景名胜区、重点文物保护区和重要设施附近进行爆破，须经主管部门批准，与当地有关主管部门协商，并征得当地县（市）以上公安部门同意。

大爆破应有现场指挥。大爆破设计书的审批权限，由各主管安全部门规定。大爆破作业除报主管部门批准外，还应征得当地县（市）以上公安部门书面批准同意。

（3）爆破作业地点有下列情形之一时，禁止进行爆破工作。

1）有冒顶或边坡滑落危险；

2）支护规格与支护说明书的规定有较大出入或工作面支护损坏；

3）通道不安全或通道阻塞；

4）爆破参数或施工质量不符合设计要求；

5）距工作面 20m 内风流中沼气含量达到或超过 1%，或有沼气突出征兆；

6）工作面有涌水危险或炮眼温度异常；

7）危及设备或建筑物安全，无有效防护措施；

8）危险区边界上未设警戒；

9）光线不足或无照明；

10）未严格按本规程要求做好准备工作。

（4）禁止进行爆破器材私自加工和爆破作业的人员穿化纤衣服。

（5）在大雾天、黄昏和夜晚，禁止进行地面和水下爆破。需在夜间进行爆破时，必须采取有效的安全措施，并经主管部门批准。遇雷雨时应停止爆破作业，并迅速撤离危险区。

（6）装药工作必须遵守下列规定：

1）装药前应对硐室、药壶和炮孔进行清理和验收。

2）大爆破装药量应根据实测资料校核修正，经爆破工作责任人批准。

3）使用木质炮棍装药。

4）装起爆药包、起爆药柱和硝化甘油炸药时，严禁投掷或冲击。

5）深孔装药出现堵塞时，在未装入雷管、起爆药柱等敏感爆破器材前，应采用铜或木制长杆处理。

6）禁止烟火。

7）禁止用明火照明。

8）禁止使用冻结的或解冻不完全的硝化甘油炸药。

（7）堵塞工作必须遵守下列规定：

1）装药后必须保证堵塞质量，硐室、深孔或浅眼爆破禁止使用无填塞爆破（扩壶爆破除外）。

2）禁止使用石块和易燃材料填塞炮孔。

3）填塞要十分小心，不得破坏起爆线路。

4）禁止捣固直接接触药包的填塞材料或用填塞材料冲击起爆药包。

5）禁止在深孔装入起爆药包后直接用木楔填塞。

（8）禁止拔出或硬拉起爆药包或药柱中的导火索、导爆索，导爆管或电雷管脚线。

（9）炮响完后，露天爆破不少于 5min（不包括硐室爆破），地下爆破不少于 15min（经过通风吹散炮烟后），才准爆破工作人员进入爆破作业地点。

（10）地下爆破作业点的有毒气体的浓度不得超过表 13-2 的标准。

地下爆破作业点有毒气体允许浓度　　　　　表 13-2

名　　称	符号	最大允许浓度	
		按体积（%）	按重量（mg/m³）
一氧化碳	CO	0.0024	30
氮氧化物（换算成二氧化氮）	NO₂	0.00025	5

名　　　　称	符号	最大允许浓度	
		按体积（%）	按重量（mg/m³）
二氧化硫	SO_2	0.0005	15
硫化氢	H_2S	0.00066	10
氨	NH_3	0.004	30

爆破工作面的有毒气体含量应每月测定一次，爆破炸药量增加或更换炸药品种，应在爆破前后进行有毒气体测定。地下各爆破作业点的通风要求与安全措施，应由单位的安全总工程师批准。

（11）严禁在残眼上打孔。

13.4.2　爆破警戒与信号

（1）爆破工作开始前，必须确定危险区的边界，并设置明显的标志。

（2）地面爆破应在危险区的边界设置岗哨，使所有通路经常处于监视之下。每个岗哨应处于相邻岗哨视线范围之内。

地下爆破应在有关的通道上设置岗哨。回风巷应使用木板交叉钉封或设支架路障，并挂上"爆破危险区，不准入内"的标志。爆破结束，巷道经过充分通风后，方可拆除回风巷的木板及标志。

（3）爆破前必须同时发出音响和视觉信号，使危险区内的人员都能清楚地听到和看到。

应使全体职工和附近居民，事先知道警戒范围、警戒标志和声响信号的意义，以及发出信号的方法和时间。

第一次信号——预告信号。所有与爆破无关人员应立即撤到危险区以外，或撤至指定的安全地点。向危险区边界派出警戒人员。

第二次信号——起爆信号。确认人员、设备全部撤离危险区，具备安全起爆条件时，方准发出起爆信号。根据这个信号准许爆破员起爆。

第三次信号——解除警戒信号。未发出解除警戒信号前，岗哨应坚守岗位。除爆破工作领导人批准的检查人员以外，不准任何人进入危险区。经检查确认安全后，方准发出解除警戒信号。

13.4.3　爆破后的安全检查和处理

（1）爆破后，爆破员必须按规定的等待时间进入爆破地点，检查有无冒顶、危石、支护破坏和盲炮等现象。

（2）爆破员如果发现冒顶、危石、支护破坏和盲炮等现象，应及时处理，未处理前应在现场设立危险警戒或标志。

（3）只有确认爆破地点安全后，经项目经理和工地安全负责人同意后，方准人员进入爆破地点。

（4）每次爆破后，爆破员应认真填写爆破记录。

13.4.4 起爆方法

（1）电雷管使用前，应在单独房间里（不超过六个月的野外流动爆破作业允许在室外安全地点）用专用爆破仪表逐个检测每次爆破所用的电雷管的电阻值。电阻值应符合产品证书的规定。

检测雷管的电阻应在带凸缘的工作台上进行。被检测的雷管应放在防护板后面或钢管里。每个工作台上存放的雷管数不得超过 100 发。检查合格的雷管的两脚线必须短路连接。

（2）用于同一爆破网路的电雷管应为同厂同型号产品，康铜桥丝雷管的电阻值差不得超过 0.3Ω，镍铬桥丝雷管的电阻值差不得超过 0.8Ω。

（3）只准采用专用爆破电桥导通网路和校核电阻。专用爆破电桥的工作电流应小于 30mA。必须在装药填塞完毕和无关人员撤离现场后，才准在作业面导通网路和校核电阻。

（4）爆破网路主线应设中间开关，并与其他电源线路分开敷设，应采用绝缘良好的导线，不准利用铁轨、铁管、钢丝绳、水和大地作爆破线路。

（5）必须严格检查主线、区域线、端线、电源开关和插座等的断通与绝缘情况。在连入网路前，各自的两端应短路。

（6）爆破网路的连接必须在工作面的全部炮孔（或药室）装填完毕和无关人员全部撤至安全地点之后，由工作面向起爆站依次进行。两线的接点应错开 10cm，接点必须牢固，绝缘良好。

（7）爆破主线与起爆电源或起爆器连接之前，必须测全线路的总电阻值。总电阻值应与实际计算值符合（允许误差 ±5%）。若不符合，禁止连接。

（8）电力起爆时，流经每个雷管的电流为：一般爆破，交流电不小于 2.5A，直流电不小于 2A；大爆破，交流电不小于 4A，直流电不小于 2.5A。

（9）用动力电源或照明电源起爆时，起爆开关必须安放在上锁的专用起爆箱内。

起爆开关箱的钥匙和起爆器的钥匙在整个爆破作业时间里，必须由爆破工作责任人严加保管，不得交给他人。

（10）爆破作业场地的杂散电流值大于 30mA 时，禁止采用普通电雷管。

（11）地铁、隧道、地下硐室、其他地下工程的电力起爆，当采用电缆作为专用爆破线时，距装药工作面 50m 以外允许电气照明。

（12）各种起爆器和用于检测电雷管及爆破网路电阻的爆破专用欧姆表、爆破电桥等电气仪表，每月以及大爆破前应检查一次，电容式起爆器至少每月充电赋能一次。

（13）有下列情况之一者，禁止采用导火索起爆：

1）竖井、倾角大于 30°的斜井和天井工作面的爆破；

2）有沼气和粉尘爆炸危险工作面的爆破；

3）借助于梯子、绳索和台架才能点火，而且较难撤至安全地点的爆破；

4）深孔爆破。

（14）导火索起爆时，应采用一次点火法点火。

单个点火时，一人连续点火的根数（或分组一次点火的组数），地下爆破不得超过 5 根（组），露天爆破不得超过 10 根（组）。

导火索的长度应保证点完导火索后，人员能撤至安全地点，但不得短于 1.2m。

（15）同一工作面由一人以上同时点火时，应指定其中的一人为组长，负责协调点火工作，掌握信号管或计时导火索的燃烧情况，及时发出撤至安全地点的命令。

（16）连续点燃多根导火索时，露天爆破必须先点燃信号管，井下爆破必须先点燃计时导火索。信号管响后或计时导火索燃烧完毕，无论导火索点完与否，人员必须立即撤离。

信号管和计时导火索的长度不得超过该次被点导火索中最短导火索长度的 1/3。

（17）必须用导火索或专用点火器材点火，严禁用火柴、烟头和灯火点火。严禁脚踩和挤压已点燃的导火索。

点火前，必须用快刀将导火索切掉 5cm。严禁边点火边切导火索。

（18）只准用快刀切割导爆索，但禁止切割接上雷管或已插入炸药里的导爆索。

（19）导爆索起爆网路应采用搭接、水手结等方法连接。搭接时，两根导爆索重叠的长度不得小于 15cm，中间不得夹有异物和炸药卷，捆绑应牢固。支线与主线传爆方向的夹角不得大于 90°。

（20）导爆索网路除连接时的水手结外，禁止打结或打圈。交错敷设导爆索时，应在两根导爆索之间放一厚度不小于 10cm 的垫块。

硐室爆破时，导爆索与铵油炸药接触的地方应采取防渗油措施或采用塑料被覆导爆索。

（21）起爆导爆索的雷管应绑紧在距导爆索端部 15cm 处，雷管的集中穴应朝向导爆索的传爆方向。

（22）导爆管网路中不得有死结，孔内不得有接头，孔外传爆雷管之间应留有足够的间距。用于同一工作面的导爆管必须是同厂同批号产品。

（23）用雷管起爆导爆管网路时，应有防止雷管的集中穴炸断导爆管和秒延期雷管的气孔烧坏导爆管的措施。导爆管应均匀地敷设在雷管周围，并用胶布等捆扎牢固。

（24）在有粉尘或气体爆炸危险的地下井中爆破，禁止使用导爆管起爆。

13.5 起 重 工

13.5.1 一般规定

（1）起重工必须经专门安全技术培训，考试合格持证上岗。严禁酒后作业。

（2）起重工应健康，两眼视力均不得低于 1.0，无色盲、听力障碍、高血压、心脏病、癫痫病、眩晕、突发性昏厥及其他影响起重吊装作业的疾病与生理缺陷。

（3）作业前必须检查作业环境、起重机械（装置）、吊索具、防护用品。吊装区域无闲散人员，障碍已排除。吊索具无缺陷，捆绑正确牢固，被吊物与其他物件无连接。确认安全后方可作业。

（4）轮式或履带式起重机作业时必须确定吊装区域路基及环境安全，并设警戒标志，必要时派人监护。

（5）大雨、大雪、大雾及风力六级以上（含六级）等恶劣天气，必须停止露天起重吊装作业。严禁在带电的高压线下或一侧作业。

（6）指挥信号工必须熟知下列知识和操作能力：

1）应掌握所指挥的起重机的技术性能和起重工作性能，能定期配合司机进行检查。能熟练地运用手势、旗语、哨声和通信设备。

2）能看懂一般的工程结构施工图，能按现场平面布置图和工艺要求指挥起吊、就位构件、材料和设备等。

3）掌握常用材料的重量和吊运就位方法及构件重心位置，并能计算非标准构件和材料的重量。

4）正确地使用吊具、索具，编插各种规格的钢丝绳和绳结。

5）有防止构件装卸、运输、堆放过程中发生变形的知识。

6）掌握起重机最大起重量和各种高度、幅度时的起重量，熟知吊装、起重有关安全知识。

7）具备指挥单机、双机或多机作业的指挥能力。

8）严格执行"十不吊"的原则。

①被吊物重量超过机械性能允许范围不吊；

②信号不清不吊；

③吊物下方有人不吊；

④吊物上站人不吊；

⑤埋在地下物不吊；

⑥斜拉斜牵物不吊；

⑦散物捆绑不牢不吊；

⑧立式构件、大模板等不用卡环不吊；

⑨零碎物无容器不吊；

⑩吊装物重量不明不吊。

（7）挂钩工必须相对固定并熟知下列知识和操作能力：

1）必须服从指挥信号的指挥。

2）熟练运用手势、旗语、哨声。

3）熟悉起重机的技术性能和工作性能。

4）熟悉常用材料重量，构件的重心位置及就位方法。

5）熟悉构件的装卸、运输、堆放的有关知识。

6）能正确使用吊、索具和各种构件的拴挂方法。

（8）作业时必须执行安全技术交底，听从统一指挥。

（9）使用起重机作业时，必须正确选择吊点的位置，合理穿挂索具，试吊。除指挥及挂钩人员外，严禁其他人员进入吊装作业区。

（10）使用两台吊车抬吊大型构件时，吊车性能应一致，单机荷载应合理分配，且不得超过额定荷载的80%。作业时必须统一指挥，动作一致。

（11）起重机吊装超过一定规模（按住房和城乡建设部《危险性较大的分部分项工程安全管理办法》规定确定）的起重吊装及安装拆卸工程时，必须编制专项施工安全方案，经专家论证，有关责任单位和责任人批准后，按批准意见组织实施。

13.5.2 基本操作要求

（1）穿绳。确定吊物重心，选好挂绳位置。穿绳应用铁钩，不得将手臂伸到吊物下面。吊运棱角坚硬或易滑的吊物，必须加衬垫，用套索。

（2）挂绳。应按顺序挂绳，吊绳不得相互挤压、交叉、扭压、绞拧。一般吊用兜挂法，必须保护吊物平衡；对于易滚、易滑或超长货物，宜采用绳索方法，卡环锁紧吊绳。

（3）试吊。吊绳套挂牢固，起重机缓慢起升，将吊绳绷紧稍停，起升不得过高。试吊中，指挥信号工、挂钩工、司机必须协调配合。如发现吊物重心偏移或其他物件粘连等情况时，必须立即停止起升，采取措施并确认安全后方可起吊。

（4）摘绳。落绳、停稳、支稳后方可放松吊绳。对易滚、易滑、易散的吊物，摘绳要用安全钩。挂钩工不得站在吊物上面。如遇不易人工摘绳时，应选用其他机具辅助，严禁攀登吊物及绳索。

（5）抽绳。吊钩应与吊物重心保持垂直，缓慢起绳，不得斜拉、强拉、不得旋转吊臂抽绳。如遇吊绳被压，应立即停止抽绳，可采取提头试吊方法抽绳。吊运易损、易滚、易倒的吊物不得使用起重机抽绳。

（6）吊挂作业应遵守以下规定：

1）兜绳吊挂应保持吊点位置准确、兜绳不偏移、吊物平衡。

2）锁绳吊挂应便于摘绳操作。

3）卡具吊挂时应避免卡具在吊装中被碰撞。

4）扁担吊挂时，吊点应对称于吊物中心。

（7）捆绑作业应遵守以下规定：

1）捆绑必须牢固。

2）吊运集装箱等箱式吊物装车时，应使用捆绑工具将箱体与车连接牢固，并加垫防滑。

3）管材、构件等必须用紧线器紧固。

（8）新起重工具、吊具应按说明书检验，试吊后方可正式使用。

（9）长期不用的超重、吊挂机具，必须进行检验、试吊，确认安全后方可使用。

（10）钢丝绳、套索等的安全系数不得小于8～10倍。

13.6　井　点　工

（1）井点降水作业应指派熟悉机械性能、认真负责、作风正派的人员负责管理，工作时严禁饮酒、瞌睡。降水作业记录要真实及时，交接班应有记录。

（2）操作人员必须备有绝缘工具。保养检修时必须切断电源。

（3）设备安装地点，地基必须坚实平稳并牢固可靠，底部用方木铺平，防止地基坍塌或动摇发生事故。

（4）电源开关、电动机必须要重复接地，线路绝缘良好，并防止受潮，电源保险丝要符合电压要求。

（5）开车后不可离开工作岗位，工完后必须切断电源，把机房锁好后方可离开。

（6）水压表、气压表上的指针应灵敏可靠，要检查水气分离器玻璃管内水位是否正常，防止水流入真空泵气缸发生事故。

（7）泵房的搭建面积不小于 $14m^2$ 以便工作与检修，泵房不可漏水，特别是靠电气设备处严禁漏水，以防发生事故。

（8）真空泵水泵机房不可搭建在变压器、高压电线下，应保持一定的安全距离。

（9）真空泵房内应保持清洁畅通，电气箱和电动机旁不准堆放各种杂物。非工作人员不准进入泵房和摆弄机器。

（10）传动带、明齿轮等危险部分，都要安设防护装置。

14 季节、夜间及防台风施工安全措施

14.1 季节安全施工措施

14.1.1 夏季安全施工措施

（1）对职工进行防暑降温知识的宣传教育，使职工知道中暑症状，学会急救措施。

（2）合理调整作息时间，避开中午高温时间作业。当工作需要时，应加强防晒防暑保护措施，严格控制加班加点，高处高温作业人员的工作时间要适当缩短。保证工人有充足的休息和睡眠时间。

（3）对高温、高处作业的人员，需经常进行体检，发现有作业禁忌者，应及时调离高温和高处作业岗位。重视年老体弱、中过暑或血压较高工人的身体变化情况。

（4）对高温条件下的作业场所要采取通风和降温措施。对露天作业中的固定场所，应搭设歇凉棚，防止热辐射，并要经常洒水降温。

（5）要保证及时供应符合卫生要求的开水、饮料、绿豆汤，及时给工人发放防暑降温的急救药品和劳动保护用品。

14.1.2 雨季施工安全措施

（1）雨季及洪水期施工应根据当地气象预报及施工所在地的具体情况，做好施工期间的防洪排涝工作。

（2）雨季施工时，施工现场应及时排除积水，人行道的上下坡应挖步梯或铺砂。脚手板、斜道板、跳板上应采取防滑措施。加强对支架、脚手架和土方工程的检查，防止倾倒和坍塌。处于洪水可能淹没地带的机械设备、材料等应做好防范措施，施工人员要提前做好撤离准备，要选好出入通道，防止被洪水包围。

（3）长时间在雨季作业的工程，应根据条件搭设防雨棚，施工中遇有暴风雨应暂停。

（4）电源线不得使用裸导线和塑料线，不得沿地面敷设。配电箱必须防雨、防水，电器布置符合规定，电元件不应破损。机电设备的金属外壳必须采取可靠的接地或零保护。手持电动工具和机械设备使用时，必须安装合格的漏电保护器。工地临时照明灯、标志灯，其电压不超过 36V。特别潮湿场所的照明灯，电压不超过 12V。电气作业人员，应穿绝缘鞋，戴绝缘手套。

（5）达到一定高度的塔吊、龙门架、脚手架等应安装避雷装置。

（6）沿海地区和桥梁工程中应防止汛期台风和大风的侵袭与影响，应注意天气预报。大型施工机械在风力达到 6 级时，要采取放下臂杆、固定走行装置等措施。

（7）搞好脚手架、龙门架等场地的排水工作，防止沉陷倾斜。坑、槽、沟两边要放足边坡，危险部位要另作支撑，搞好排水工作，防止坍塌。发现问题，应立即停止土方施工。

（8）现场各类机械设备、电器装置、仓库等应做好防潮工作。

14.1.3　冬季安全施工措施

（1）冬季施工应严格执行冬季施工的有关规定，做好保温、防冻等安全防护工作。凡参加施工作业人员，均应接受冬季施工安全教育，并进行安全交底。

（2）必须正确使用质量合格的个人防护用品，特别要防止冻伤事故的发生。

（3）锅炉工必须持证上岗。安装的取暖炉必须符合要求，验收合格后才能使用。

（4）采用热电法施工，要加强检查和维修，防止触电和火灾。

（5）加强用火申请和管理，遵守消防规定，加强防火检查，防止火灾发生。

（6）6级以上大风或大雪，应停止高处作业和吊装作业。

（7）搞好防滑工作。通道防滑条损坏的要及时修补，斜道、通行道、爬梯等作业面上的霜冻、木块、积雪要及时清除。

14.2　夜间安全施工措施

（1）根据现场情况，夜间施工尽量安排噪音小的工作，避免影响邻近居民休息。当因工程需要连续施工时，应提前征得居民的谅解。

（2）夜间施工时，应保证有足够的照明设施，能满足夜间施工需要，并准备备用电源。

（3）施工现场设置明显的交通标志、安全标牌、警戒灯等标志，标志牌具备夜间荧光功能。保证施工机械和施工人员的施工安全。

（4）在人员安排上，夜间施工人员白天必须保证睡眠，不得连续作业。

（5）项目经理部各部门建立夜间施工领导值班和交接班制度，加强夜间施工管理与调度。在项目经理部设置夜间值班室；在施工现场安排现场值班室。

14.3　防台风安全措施

（1）成立台风期间抢险救灾小组，密切注意现场动态，遇有紧急情况，立即投入现场进行抢救，使损失降到最低。

（2）台风到来之前要及时安排作业人员撤离到安全区，注意保护好设备，并做好设备、机具、材料的防雨工作。对土质边坡及时进行边坡防护，防止雨水冲刷，产生水土流失。

（3）台风到来之前，应对高耸独立的机械、脚手架、未装好的钢筋、模版、临时设施等进行临时加固。堆放在楼面、屋面的小型机具、零星材料要堆放加固好，不能固定的东西要及时搬到建筑物内，高空作业人员应及时撤到安全地带。台风过后，要立即对模板、钢筋、特别是脚手架、电源线路进行仔细检查，发现问题及时处理，经现场负责人同意后方可复工。

（4）在台风季节应做好的防范及保护措施，包括提供砂堤、砂包防护堤或其他加高基坑四周护堤措施，防止所施工的地下工程遭受破坏，在台风到来时，组织紧急小组随时候命，清理冲下来的泥土、泥浆或垃圾。

15 施工现场防火安全管理

15.1 动火作业

15.1.1 动火区域的划分

根据建筑工程选址位置、施工周围环境、施工现场平面布置、施工工艺、施工部位的不同，将动火区域分为一、二、三级。

（1）一级动火区域（也称禁火区域）

1）建筑工程周围存在生产或储存易燃易爆品的场所，在防火安全距离范围内的施工部位；

2）油罐、油箱、油槽车和储存过可燃气体、易燃液体的容器以及连接在一起的辅助设备，各种受压设备；

3）施工现场内储存易燃易爆危险物品的仓库、库区；

4）施工现场木工作业处和半成品加工区，现场堆有大量可燃和易燃物质的场所；

5）在比较密封的室内、容器内、地下室等场所，进行配制或者调和易燃易爆液体和涂刷油漆作业。

（2）二级动火区域

1）在具有一定危险因素的非禁火区域进行用火作业；

2）登高焊接或者气割作业区；

3）砖木结构临时食堂炉灶处。

（3）三级动火区域

1）无易燃易爆危险物品处的动火作业；

2）施工现场燃煤茶炉处，冬季燃煤取暖的办公室、宿舍等生活设施；

3）在非固定的无明显危险因素的场所进行用火作业。

15.1.2 动火证

动火证制度是消防安全的一项重要制度。动火作业前必须申请办理动火证，动火证必须注明动火地点、动火时间、动火人、现场监护人、批准人和防火措施。要做到先申请，后作业；不批准，不动火。

（1）一级动火作业由所在单位行政负责人填写动火申请表，编制安全技术措施方案，报公司保卫部门及消防部门审查批准后，方可动火。动火期限为1天。

（2）二级动火作业由所在工地、车间的负责人填写动火申请表，编制安全技术措施方案，报本单位主管部门审查批准后，方可动火。动火期限为 3 天。

（3）三级动火作业由所在班组填写动火申请表，工地，车间负责人及主管人虽审查批准后，方可动火。动火期限为 7 天。

（4）古建筑和重要文物单位等场所动火作业，按一级动火手续上报审批。

15.2　施工现场的防火安全要求

（1）施工现场的平面布局应当以在建工程为中心，明确划分用火作业区、材料堆放区、仓库及临时生活办公区、废品集中站等区域，设置的距离应符合下列要求：

1）锅炉房、厨房及其他固定用火作业区宜设置在在建工程可燃材料堆场或仓库 25m 之外；

2）氧气、乙炔瓶、油漆稀料等易燃易爆危险物品仓库宜设置在施工区、生活办公区 25m 之外。

（2）施工现场应当设有消防通道，宽度不得小于 3.5m，保证临警时消防车能够停靠施救。

（3）建筑工程施工现场禁止随处吸烟，烟蒂应当丢入有水的烟缸内。易燃易爆危险物品仓库、可燃材料堆场、废品集中站及施工作业区等处应当设置明显的禁烟标志。

（4）在建工程的地下室、半地下室禁止用作施工和其他人员的住宿场所。

（5）在建工程内设置办公场所和临时宿舍的，应当与施工作业区之间采取有效的防火分隔，并设置安全疏散通道，配备应急照明等消防设施。

（6）施工现场动力与照明电源线廊应当分开设置并配备相应功率的保险装置，严禁乱接乱拉电气线路。施工现场应当设有保证施工安全要求的夜间照明。临时宿舍内禁止使用功率大于 200W 的照明、取暖和电加热设备。

（7）施工现场搭建临时建筑物应当符合下列要求：

1）高压架空线下禁止搭建临时建筑物和堆放易燃、可燃物品；

2）办公场所、临时宿舍的耐火等级不得低于三级，禁止搭建木板房；

3）临时建筑物之间的防火间距不应小于 5m，成组布置的临时建筑物，每组不得超过 10 幢，组与组之间的防火间距不得小于 10m；

4）临时建筑物不宜超过 2 层，临时宿舍的房间建筑面积大于 50m² 的，应当设置两个安全出入口。临时宿舍的窗不得用硬质材料封堵。每个房门至疏散楼梯的距离不得超过 25m（位于袋形走道两侧或尽端的房间疏散距离减半）。

15.3　重点部位、重点工种的防火要求

15.3.1　电焊、气割作业的防火要求

1. 气焊设备的防火、防爆要求

氧气瓶与乙炔瓶是气焊工艺的主要设备，属于易燃、易爆的压力容器。

（1）乙炔瓶应安装回火防止器，防止气体倒回发生事故。

（2）乙炔瓶应放置在距离明火至少10m以外的地方，严禁倒放。

（3）焊割作业时，乙炔瓶和氧气瓶两者使用时的距离不得小于5m，并应直立使用。

（4）氧气瓶、乙炔瓶不得放置在高压线下面或在太阳下暴晒。

（5）氧气瓶、导管及其零部件不要接触油脂或沾油的物品。

（6）乙炔瓶、氧气瓶不能用尽，必须留有余气。

（7）每天操作前都必须进行认真的检查。尤其是冬期施工完毕后，要及时将乙炔瓶和氧气瓶送回到存放处，采取一定的防冻措施，以免结冻。如果冻结，严禁用明火烘烤或金属敲打，只能用蒸汽、热水等解冻。

（8）测定气体导管及其分配装置有无漏气现象时，应用气体探测仪或用肥皂水等简单方法测试，严禁用明火测试。

（9）作业时焊炬要根据金属材料的材质、形状，确定焊炬与金属的距离，不要距离太近，以防喷嘴太热，引起焊炬内自燃回火。

（10）在点火前要检查焊炬是否正常，其方法是检查焊炬的吸力，若开了氧气而乙炔管毫无吸力，则焊炬不能使用，必须及时修复。

2. 电焊设备防火、防爆要求

（1）各种电焊机都应该在额定电压下使用，旋转式直流电焊机应配备足够容量的磁力启动开关，不得使用闸刀开关直接启动。

（2）电焊机应有良好的隔离防护装置电焊机的绝缘电阻不得小于1MΩ。

（3）电焊机的接线柱、接线孔等应装在绝缘板上，并有防护罩保护。

（4）电焊机应放置在避雨干燥的地方，不准与易燃、易爆物品或容器混放在一起。

（5）室内焊接时，电焊机的位置、线路敷设和操作地点的选择应符合防火安全要求，作业前必须进行检查，焊接导线要有足够的截面面积。

（6）严禁将焊接导线搭在氧气瓶，乙炔瓶、发生器、煤气、液化气等易燃易爆设备上电焊导线中间不应有接头，如果必须设有接头，其接头处要远离易燃易爆物10m以外。

3. 电、气焊作业的防火要求

（1）在有类似下列情况而又没有采取相应的安全措施时，不允许进行焊接：

1）制作、加工和储存易燃易爆危险物品的房间内；

2）储存易燃易爆物品的储罐和容器、管道和设备；

3）带电设备；

4）刚涂过油漆的建筑构件或设备。

（2）施工现场的焊、割作业必须符合防火要求，严格执行"十不烧"的规定：

1）焊工必须持证上岗，无证者不准进行焊、割作业；

2）属一、二、三级动火范围的焊、割作业，未经办理动火审批手续，不准进行焊割；

3）焊工不了解焊、割现场周围情况，不得进行焊、割；

4）焊工不了解焊件内部是否有易燃、易爆物时，不得进行焊、割；

5）各种装过可燃气体、易燃液体和有毒物质的容器，未经彻底清洗，或未排除危险之前不准进行焊、割；

6）用可燃材料作保温层、冷却层、隔声、隔热设备的部位，或火星能飞溅到的地方，在未采取切实可靠的安全措施之前，不准焊、割；

7）有压力或密闭的管道、容器，不准焊、剖；

8）焊、割部位附近有易燃易爆物品，在未作清理或未采取有效的安全防护措施前，不准焊、割；

9）附近有与明火作业相抵触的工种在作业时，不准焊、割；

10）与外单位相连的部位，在没有弄清有无险情，或明知存在危险而未采取合理的措施之前，不准焊、割。

（3）对于可燃的墙体和楼板以及存在的孔洞裂缝、导热的金属等要求采取可靠的措施，防止火星落入埋下火种，或金属导热造成火灾。

（4）室内装饰工程，必须在装饰施工前完成电、气焊施工。

（5）在旧建筑维修中使用电、气焊时，要特别注意作业前必须仔细检查焊割部位的墙体、楼板构造和隐蔽部位，不清楚绝不能施工。

（6）要注意风力的大小和风向变化，防止风力把火星吹到附近的易燃物上。遇有五级以上大风天气时，施工现场的高空和露天焊割作业应停止。

（7）焊割现场必须配备灭火器材，危险性较大的应有专人现场监护。

（8）焊割结束或离开操作现场时，必须切断电源、气源。赤热的焊嘴、焊钳以及焊条头等，禁止放在易燃、易爆物品和可燃物上。

15.3.2　涂漆、喷漆作业及油漆工的防火要求

（1）涂漆、喷漆的作业场所内油漆料库和调料间室内禁止一切火源，应有良好的通风，并应采用防爆电器设备，防止形成爆炸极限浓度，引起火灾或爆炸。

（2）油漆料库与调料间应分开设置，应与散发火花的场所保持一定的防火间距。调料间不能兼做更衣室和休息室。

（3）油漆工调料人员不能穿易产生静电的工作服和带钉子的鞋。接触涂料、稀释剂的工具应采用防火花型工具。

（4）对使用中能分解、发热自燃的物料，要妥善管理。性质相抵触、灭火方法不同时品种，应分库存放。调料间内不应存放超过当日加工所用的原料。

（5）浸有涂料、稀释剂的破布、纱团、手套和工作服等应及时清理，不能随意堆放，防止因化学反应而生热，发生自燃。

（6）涂漆、喷漆的施工禁止与焊工同时间、同部位的上下交叉作业。

（7）在维修工程施工中，使用脱漆剂时，应采用不燃性脱漆剂。若使用易燃性脱漆剂时，一次涂刷脱漆剂量控制在能使漆膜起皱膨胀为宜，清除掉的漆膜要及时妥善处理。

15.3.3　木工操作间及木工的防火要求

（1）操作间建筑应采用阻燃材料搭建。操作间内严禁吸烟和用明火作业。

（2）操作间冬季宜采用暖气（水暖）供暖。如用火炉取暖时，必须在四周采取挡火措施。不应用燃烧劈柴、刨花代煤取暖。每个火炉都要有专人负责，下班时要将余火彻底熄灭。

（3）电气设备的安装要符合要求。抛光、电锯等部位的电气设备应采用密封式或防爆式。刨花、锯末较多部位的电动机，应安装防尘罩。配电盘、刀闸下方不能堆放成品、半成品及废料。

（4）操作间只能存放当班的用料，成品及半成品要及时运走。对旧木料一定要经过检查，取出铁钉等金属后，方可上锯锯料。

（5）木工应做到活完场地清，刨花、锯末每班都要打扫干净，倒在指定地点。工作完毕应拉闸断电，并经检查确无火险后方可离开。

15.3.4　电工的防火要求

（1）电工应经过专门培训，掌握安装与维修的安全技术，并经过考试合格后方准独立操作。

（2）施工现场暂设线路、电气设备的安装与维修应执行《施工现场临时用电安全技术规范》（JGJ 46—2005），暂设线路、电气设备必须由主管部门检查合格后，方可通电使用。

（3）各种电气设备或线路，不应超过安全负荷，并要牢靠、绝缘良好和安装合格的保险设备，严禁用铜丝、铁丝等代替保险丝。

（4）电气设备和线路应经常检查，发现可能引起火花、短路、发热和绝缘损坏等情况时，必须立即修理。定期检查电气设备的绝缘电阻是否符合规定。

（5）放置及使用易燃液体、气体的场所，应采用防爆型电气设备及照明灯具。

（6）不可用纸、布或其他可燃材料做无骨架的灯罩，灯泡与可燃物应保持一定距离。

（7）变（配）电室应保持清洁、干燥。变电室要有良好的通风。配电室内禁止吸烟、生火及保存与配电无关的物品。

（8）电气设备应安装在干燥处，各种电气设备应有妥善的防雨、防潮设施。设备的电闸箱内，必须保持清洁，不得存放其他物品，电闸箱应配锁。

（9）施工现场严禁私自使用电炉、电热器具。

（10）当电线穿过墙壁、苇席或与其他物体接触时，应当在电线上套有磁管等非燃材料加以隔绝。

（11）每年雨季前要检查避雷装置。避雷针接点要牢固，电阻不应大于10Ω。

15.3.5　仓库的防火要求

1. 仓库的设置

（1）仓库应设在水源充足、消防车能驶到的地方，同时应根据季节风向的变化，设在下风方向。

（2）储量大的易燃仓库，应将生活区、生活辅助区和堆场分开布置。仓库应设两个以上的大门，大门应向外开启。

（3）对易引起火灾的仓库，应将库房内外按 500m² 的区域分段设立防火墙，把建筑平面划分为若干个防火单元，以便考虑失火后能阻止火势的扩散。

（4）易燃仓库堆料场与其他建筑物、铁路、道路、高压线的防火间距，应按《建筑设计防火规范》（GB 50016—2006）的有关规定执行。

（5）易燃露天仓库的四周，应有不小于 6m 的平坦空地作为消防通道，通道上禁止堆放障碍物。

（6）有明火的生产辅助区和生活用房与易燃堆垛之间，至少应保持 30m 的防火间距。有飞火的烟囱应布置在仓库的下风地带。

（7）在建的建筑物内不得存放易燃易爆物品，尤其是不得将木工加工区设在建筑物内。

2. 易燃易爆物品储存、装卸的注意事项

（1）仓库保管员应当熟悉储存物品的分类、性质、保管业务知识和防火安全制度，掌握消防器材的操作使用和维护保养方法，做好本岗位的防火工作。

（2）易燃仓库堆料场物品应当分类、分堆、分组和分垛存放。每个堆垛面积为木材（板材）不得大于 300m²，稻草不得大于 150m²，锯末不得大于 200m²。堆垛与堆垛之间应留 3m 宽的消防通道。

（3）储存的稻草、锯末、煤炭等物品的堆垛应保持良好通风，应注意堆垛内的温湿度变化。发现温度超过 38℃，或水分过低时应及时采取措施，防止其自燃起火。

（4）固体易燃物品应当与易燃易爆的液体分间存放，不得在一个仓库内混合储存不同性质的物品。

（5）物品入库前应当有专人负责检查，确定无火种等隐患后，方可装卸物品。

（6）拖拉机不准进入仓库、堆料场进行装卸作业，其他车辆进入仓库或露天堆料场装卸时，应安装符合要求的火星熄灭防火罩。

（7）在仓库或堆料场内进行吊装作业时，其机械设备必须符合防火要求，严防产生火星，引起火灾。

（8）装过化学危险物品的车，必须清洗干净后方准装运易燃和可燃物品。

（9）装卸作业结束后，应当对库区、库房进行检查确认安全后，方可离人。

3. 易燃仓库的用电管理

（1）仓库或堆料内一般应使用地下电缆，若有困难需设置架空电力线路时，架空电线与露天易燃物堆垛的最小水平距离不应小于电线杆高度的 1.5 倍。库房内设的配电线路，需穿金属管或用非燃硬塑料管保护。

（2）仓库或堆料场所严禁使用碘钨灯和超过 60W 的白炽灯等高温照明灯具。当使用日光灯等低温照明灯具和其他防燃型照明灯具时，应当对镇流器采取隔热、散热等防火保护措施。照明灯具与易燃堆垛间至少保持 1m 的距离，安装的开关箱、接线盒应距离堆垛外缘不小于 1.5m。不准乱拉临时电气线路。储存大量易燃物品的仓库场地应设置独立的避雷装置。

（3）库房内不准设置移动式照明灯具。照明灯具下方不准堆放物品，其垂点下方与储存物品的水平距离不得小于0.5m。

（4）库房内不准使用电炉、电烙铁、电熨斗等电热器具和电视机、电冰箱等家用电器。

（5）库区的每个库房应当在库房外单独安装开关箱，保管人员离库时，必须拉闸断电。禁止使用不合规格的电器保险装置。

4. 几种常用易燃材料的储存防火要求

（1）石灰

生石灰能与水发生化学反应，并产生大量热，足以引燃燃点较低的材料，如木材、稻草、席子等。因此，储存石灰的房间不宜用可燃材料搭设，最好用砖石砌筑。石灰表面不得存放易燃材料，并且要有良好的通风条件。

（2）亚硝酸钠

亚硝酸钠作为混凝土的早强剂、防冻剂，广泛使用于建筑工程的冬期施工中。亚硝酸钠这种化学材料与硫、磷及有机物混合时，经摩擦、撞击有引起燃烧或爆炸的危险。因此在储存使用时，要特别注意严禁与硫、磷、木炭等易燃物混放、混运；要与有机物及还原剂分库存放，库房要干燥通风；装运氧化剂的车辆，如有散漏，应清理干净；搬运时要轻拿轻放，要远离高温与明火，要设置灭火剂。灭火剂使用雾状水和砂子。

（3）树脂类防腐蚀材料

环氧树脂、呋喃树脂、酚醛树脂、乙二胺等都是建筑工程常用的树脂类防腐材料，都是易燃液体材料。它们都具有燃点和闪点低、易挥发的共同特性。它们遇火种、高温、氧化剂都有引起燃烧爆炸的危险；与氨水、盐酸、氟化氢、硝酸、硫酸等反应强烈，有爆炸的危险。因此，在储存、使用、运输时，都要注意远离火种，严禁吸烟，温度不能过高，防止阳光直射。应与氧化剂、酸类分库存放，库内要保持阴凉通风。搬运时要轻拿轻放，防止包装破坏外流。

（4）油漆稀释剂

建筑工程施工使用的稀释剂，都是挥发性强闪点低的一级易燃易爆化学流体材料，诸如汽油、松香水等易燃材料。油漆工在休息室内不得存放油漆和稀释剂，油漆和稀释剂必须设库存放，容器必须加盖。

（5）电石

电石本身不会燃烧，但遇水或受潮会迅速分解出乙炔气体。在装箱搬运、开箱使用时要严格遵守以下要求：严禁雨天运输电石，途中遇雨或必须在雨中运输应采取可靠的防雨措施。搬运电石时，发现桶盖密封不严，要在室外开盖放气后，再将盖盖严搬运。要轻搬轻放，严禁用滑板或在地上滚动、碰撞或敲打电石桶。电石桶不要放在潮湿的地方。库房必须是耐火建筑，要有良好的通风条件，库房周围10m内严禁明火。库内不准设气、水管道，以防室内潮湿。库内照明设备应用防爆灯，开关采用封闭式并安装在库房外。严禁用铁工具开启电石桶，应用铜制工具开启，开启时人站在侧面。空电石桶未经处理，不许接触明火。小颗粒粉末电石要随时处理，集中倒在指定坑内，而且要远离明火，坑上不准加盖，上面不许有架空线路。电石不要与易燃易爆物质混合存放在一个库内。禁止穿带钉子的鞋进入库内，以防摩擦产生火花。

15.4 特殊施工场所的防火要求

15.4.1 地下工程施工的防火要求

（1）施工现场的临时电源线不宜直接敷设在墙壁或土墙上，应用绝缘材料架空安装。配电箱应采取防水措施。潮湿地段或渗水部位照明灯具应采取相应措施或安装防潮灯具。

（2）施工现场应有不少于2个出入口或坡道，施工距离较长时应适当增加出入口的数量。施工区面积不超过50m²，且施工人员超过20人时，可只设一个直通地上的安全出口。

（3）安全出入口、疏散走道和楼梯的宽度应按其通过人数每100人不小于1m的净宽计算。最小净宽不应小于1m。每个出入口的疏散人数不宜超过250人。

（4）安全出入口、疏散走道、楼梯交叉口、拐弯处、操作区域等部位，应设置火灾事故照明灯、疏散指示标志灯，不宜设置突出物或堆放施工材料和机具。

（5）火灾事故照明灯的最低照度不低于5lx。疏散指示标志灯的间距不易过大，距地面高度应为1～1.2m，标志灯正前方0.5m处的地面照度不应低于1lx。火灾事故照明灯和疏散指示灯工作电源断电后，应能自动合闸启动。

（6）地下工程施工区域应设置消防给水管道和消火栓。不能设置消防用水时，应配备足够数量的轻便消防器材，消防给水管道可以与施工用水管道合用。

（7）在地下工程内部进行局部的油漆粉刷和喷漆时，一次粉刷的量不宜过多，同时在粉刷区域内禁止一切火源，加强通风。

（8）制定应急的疏散计划。

15.4.2 设备安装与调试施工中的防火要求

（1）在设备安装和调试施工前，应进行详细的调查，根据设备安装与调试施工中的火灾危险性及特点，制定消防保卫工作方案，调试运行工作计划或方案，规定必要的制度与措施，做到定人、定岗、定要求。

（2）在有易燃、易爆气体和液体附近进行用火作业前，应先用测量仪器测试可燃气体的爆炸浓度，然后再进行动火作业。长时间动火作业应设专人随时进行测试。

（3）调试过的可燃、易燃液体和气体的管道塔、容器、设备等，在进行修理时，必须使用惰性气体或蒸汽进行置换和吹扫，用测量仪器测定爆炸浓度后，方可进行修理。

（4）调试过程中，应准备一定数量的填料、堵料、工具、设备，对付滴、漏、跑、冒的问题；应组织一支专门的应急力量，随时处理一些紧急事故，减少火灾和隐患。

（5）在有可燃、易燃液体、气体附近的用电设备，应采用与该场所相匹配防火等级的临时用电设备。

15.4.3 高层建筑施工的防火要求

（1）已建成的建筑物楼梯不得封堵。施工脚手架内的作业层应畅通，并搭设不少于2处与主体建筑内相衔接的通道口。

（2）建筑施工脚手架外挂的密目式安全网，必须符合阻燃标准要求，严禁使用不阻燃的安全网。

（3）30m以上的高层建筑施工，应当设置加压水泵和消防水源管道，管道的立管直径不得小于50mm，每层应设出水管口，并配备一定长度的消防水管。

（4）高层焊接作业，要根据作业高度、风力、风力传递的次数，确定出火灾危险区域。并将区域内的易燃易爆物品移到安全地方，无法移动的要采取切实的防护措施。

（5）大雾天气和六级以上风时应当停止焊接作业。

（6）高层焊接作业应当办理动火证，动火处应当配备灭火器，并设专人监护，发现险情，立即停止作业，采取措施，及时扑灭火源。

（7）高层建筑施工临时用电线路应使用绝缘良好的橡胶电缆，严禁将线路绑在脚手架上。施工用电机具和照明灯具的电气连接处应当绝缘良好，保证用电安全。

（8）高层建筑应设立防火警示标志。楼层内不得堆放易燃、可燃物品。在易燃处施工的人员不得吸烟和随便焚烧废弃物。

15.5 雨季和夏季施工的防火要求

15.5.1 雨季和夏季施工的防雷要求

（1）需要有防雷设施的部位

油库、易燃易爆物品库房、塔吊、卷扬机架、脚手架、在施工的高层建筑工程等部位及设施，都应安装避雷设施。

（2）防雷设施的要求

防雷的方法是安装避雷装置，其基本原理是将雷电引入大地而消失达到防雷的目的。所安装的避雷装置必须能保护住受保护的部位或设施。避雷装置的组成部分必须符合规定。接地电阻不应大于规定的数值。每年雨季之前，应对避雷装置进行一次全面检查，并用仪器进行检测，发现问题及时解决，使避雷装置处于良好状态。

15.5.2 雨季施工中对易燃易爆物品的防火要求

（1）乙炔瓶、氧气瓶、易燃液体等应在库内或棚内存放，禁止露天存放，防止因受雷雨、日晒发生起火事故。

（2）生石灰、石灰粉的堆放应远离可燃材料，防止因受潮或雨淋产生高热，引起周围可燃材料起火。

（3）稻草、草帘、草袋等堆垛不宜过大，垛中应留通气孔，顶部应防雨，防止因受潮、遇雨发生自燃。

15.6　施工现场灭火

15.6.1　灭火方法

根据物质燃烧原理，燃烧必须同时具备可燃物、助燃物和着火源三个条件，缺一不可。而一切灭火措施都是为了破坏已经产生的燃烧条件，或使燃烧反应中的游离基消失而终止燃烧。灭火的基本方法有以下四种。

1. 冷却灭火法

冷却灭火法，就是将灭火剂直接喷洒在燃烧着的物体上，将可燃物的温度降低到燃点以下，从而使燃烧终止。这是扑救火灾最常用的方法。冷却的方法主要是采取喷水或喷射二氧化碳等其他灭火剂，将燃烧物的温度降到燃点以下。灭火剂在灭火过程中不参与燃烧过程中的化学反应，属于物理灭火法。

在火场上，除用冷却法直接扑灭火灾外，在必要的情况下，可用水冷却尚未燃烧的物质，防止达到燃点而起火。还可用水冷却建筑构件、生产装置或容器设备等，以防止它们受热结构变形，扩大灾害损失。

2. 隔离灭火法

隔离灭火法，就是将燃烧物体与附近的可燃物质隔离或疏散开，使燃烧停止。这种方法适用扑救各种固体、液体和气体火灾。

采取隔离灭火法的具体措施有：将火源附近的可燃、易燃、易爆和助燃物质，从燃烧区内转移到安全地点；关闭阀门，阻止气体、液体流入燃烧区；排除生产装置、设备容器内的可燃气体或液体；设法阻拦流散的易燃、可燃液体或扩散的可燃气体；拆除与火源相毗连的易燃建筑结构，造成防止火势蔓延的空间地带；采用泥土、黄沙筑堤等方法，阻止流淌的可燃液体流向燃烧点。

3. 窒息灭火法

窒息灭火法，就是阻止空气流入燃烧区，或用不燃物质冲淡空气，使燃烧物质断绝氧气的助燃而熄灭。这种灭火方法适用扑救一些封闭式的空间和生产设备装置的火灾。

在火场上运用窒息的方法扑灭火灾时，可采用石棉布、浸湿的棉被、湿帆布等不燃或难燃材料，覆盖燃烧物或封闭孔洞；用水蒸气、惰性气体（如二氧化碳、氮气等）充入燃烧区域内；利用建筑物上原有的门、窗以及生产设备上的部件，封闭燃烧区，阻止新鲜空气进入。此外在无法采取其他扑救方法而条件又允许的情况下，可采用水或泡沫淹没（灌注）的方法进行扑救。

采取窒息灭火的方法扑救火灾，必须注意以下几个问题：

（1）燃烧的部位较小，容易堵塞封闭，在燃烧区域内没有氧化剂时，才能采用这种方法。

（2）采取用水淹没（灌注）方法灭火时，必须考虑到火场物质被水浸泡后能否产生不良后果。

（3）采取窒息方法灭火后，必须在确认火已熄灭时，方可打开孔洞进行检查。严防因过早地打开封闭的房间或生产装置的设备孔洞等，而使新鲜空气流入，造成复燃或爆炸。

（4）采取惰性气体灭火时，一定要将大量的惰性气体充入燃烧区，以迅速降低空气中氧的含量，窒息灭火。

4. 抑制灭火法

抑制灭火法，是将化学灭火剂喷入燃烧区使之参与燃烧的化学反应，从而使燃烧反应停止。采用这种方法可使用的灭火剂有干粉和卤代烷灭火剂及替代产品。灭火时，一定要将足够数量的灭火剂准确地喷在燃烧区内，使灭火剂参与和阻断燃烧反应。否则将起不到抑制燃烧反应的作用，达不到灭火的目的。同时还要采取必要的冷却降温措施，以防止复燃。

采用哪种灭火方法实施灭火，应根据燃烧物质的性质、燃烧特点和火场的具体情况，以及消防技术装备的性能进行选择。有些火灾，往往需要同时使用几种灭火方法。这就要注意掌握灭火时机，搞好协同配合，充分发挥各种灭火剂的效能，迅速有效地扑灭火灾。

15.6.2 消防设施和器材

建筑施工现场常用的消防设施和器材主要为：消防水池、消防桶、消防锹以及灭火器等。

1. 消防水池

水是不燃液体，它是最常用、来源最丰富、使用最方便的灭火剂。水在扑灭火灾中应用得最广泛，水的灭火作用是由它的性质决定的。

消防水池与建筑物之间的距离，一般不得小于10m，在水池的周围应留有消防车道。在冬期或者寒冷地区，消防水池应有可靠的防冻措施。

2. 几种灭火器的性能、用途和使用方法见表15-1。

灭火器的性能、用途和使用方法 表 15-1

灭火器种类	二氧化碳灭火器	四氧化碳灭火器	干粉灭火器	1211 灭火器
规格	2kg 以下，2~3kg，5~7kg	2kg 以下，2~3kg，5~8kg	8kg，50kg	1kg，2kg，3kg
药剂	液态二氧化碳	四氯化碳液体，并有一定压力	钾盐或钠盐干粉并有盛装压缩气体的小钢瓶	二氟一氯一溴甲烷，并充填压缩氮
用途	扑救电气精密仪器、油类和酸类火灾，不能扑救钾、钠、镁、铝物质火灾	扑救电气设备火灾，不能扑救钾、钠、镁、铝、乙炔、二硫化碳火灾	扑救电气设备火灾，石油产品、油漆、有机溶剂，天然气火灾，不宜扑救电机火灾	扑救电气设备、油类、化工纤原料初起火灾
效能	射程3m	3kg，喷射时间30s，射程7m	8kg，喷射时间4~8s，射程4.5m	1kg，喷射时间6~8s，射程2~3m

续表

灭火器种类	二氧化碳灭火器	四氧化碳灭火器	干粉灭火器	1211 灭火器
使用方法	一手拿喇叭筒对着火源，另一手打开开关	只要打开开关，液体就可喷出	提前圈环，干粉就可喷出	按下铅封或横销，用力压下压把

3. 施工现场灭火器的配备

（1）大型临时设施总平面超过 1200m² 的，应当按照消防要求配备灭火器，并根据防火的对象、部位，设立一定数量、容积的消防水池，配备不少于 4 套的取水桶、消防锹、消防钩。同时，要备有一定数量的黄砂池等器材、设施，并留有消防车道。

（2）一般临时设施区域，每 100m² 的配电室、动火处、食堂、宿舍等重点防火部位，应当配备两个 10L 灭火器。

（3）临时木工间、油漆间、机具间等，每 25m² 应配备一个种类合适的灭火器。油库、危险品仓库、易燃堆料场应配备足够数量、种类的灭火器。

15.6.3 火灾险情的处置

施工现场发生火灾时，建设单位和施工单位应当立即向公安消防机构报警，并迅速组织疏散人员，扑救火灾。应当根据公安消防机构的要求，为抢救人员、扑救火灾提供便利条件。火灾扑灭后，应当保护现场，接受事故调查，如实提供火灾的有关情况，并协助公安消防机构核定火灾损失、查明火灾原因和火灾事故责任。未经公安消防机构同意，不得擅自清理火灾现场。

15.6.4 灭火器的摆放

（1）灭火器应摆放在明显和便于取用的地点，且不得影响安全疏散。

（2）灭火器应摆放稳固，其铭牌必须朝外。

（3）手提式灭火器应使用挂钩悬挂，或摆放在托架上，灭火箱内，其顶部离地面高度应小于 1.5m，底部离地面高度宜大于 0.15m。

（4）灭火器不应摆放在潮湿或强腐蚀性的地点，必须摆放时，应采取相应的保护措施。

（5）摆放在室外的灭火器应采取相应的保护措施。

（6）灭火器不得摆放在超出其使用温度范围以外的地点，灭火器的使用温度范围应符合规范规定。

16 现场急救安全知识

16.1 现场急救步骤

现场急救，就是应用急救知识和最简单的急救技术进行现场初级救生，最大限度地稳定伤病员的伤、病情，减少并发症，维持伤病员最基本的生命体征，现场急救是否及时和正确，关系到伤病员生命和伤害的结果。现场急救一般遵循下述4个步骤：

（1）当出现事故后，迅速使伤者脱离危险区，若是触电事故，必须先切断电源；若为机械设备事故，必须先停止机械设备运转。

（2）初步检查伤员，判断其神志、呼吸是否有问题，视情况采取有效的止血、防止休克、包扎伤口、固定、保存好断离的器官或组织、预防感染、止痛等措施。

（3）施救同时拨打急救电话120，呼叫救护车求救，并继续施救到专业救护人员到达现场接替为止。拨打求救电话时必须讲清楚事故发生的地点、工地名称、伤害性质、中毒物质、受伤害人员数，报警电话号码和报警人姓名，同时派人在交通路口等候救护车到来后引路。

（4）迅速上报上级有关领导和部门，以便采取更有效的救护措施。

16.2 触 电

16.2.1 触电事故判断

（1）假如触电者伤势不重，神志清醒，未失去知觉，但有些内心惊慌，四肢发麻，全身无力，或触电者在触电过程中曾一度昏迷，但已清醒过来，则应保持空气流通和注意保暖，使触电者安静休息，不要走动，严密观察，并请医生前来诊治或者送往医院。

（2）假如触电者伤势较重，已失去知觉，但心脏跳动和呼吸还存在。对于此种情况，应使触电者舒适、安静地平卧；周围不围人，使空气流通；解开他的衣服以利呼吸，如天气寒冷，要注意保温，并迅速请医生诊治或送往医院。如果发现触电者呼吸困难，严重缺氧，面色发白或发生痉挛，应立即请医生作进一步抢救。

（3）假如触电者伤势严重，呼吸停止或心脏跳动停止，或二者都已停止，仍不可以认为已经死亡，应立即施行人工呼吸或胸外心脏按压，并迅速请医生诊治或送医院。

（4）如果触电人受外伤，可先用无菌生理盐水和温开水洗伤，再用干净绷带或布类包扎，然后送医院处理。如伤口出血，则应首先设法止血。通常方法是：将出血肢体高高举起，或用干净纱布扎紧止血等，同时急请医生处理。

16.2.2　直接伤害的急救

人体触电后，会出现昏迷不醒、呼吸中断、心跳停止等症状，这种现象通常是假死现象，切不可当作死亡草率处理。为了争取最佳抢救时间，应尽快进行现场抢救。

1. 第一步：切断电源

触电事故发生时，触电者的身体已经带电，这时候千万不可直接把触电者拖离电源，以免造成抢救者本人触电。正确的做法是：马上拉闸断电，如果出事地点离电源开关太远，抢救者可以用绝缘良好的木棍、竹杆等拨开电线或把触电者拉开（做这项工作时抢救者应穿绝缘良好的鞋或站在干燥的木板上，保证自己不导电）。如果触电者因痉挛而握紧电线，抢救者可用木柄斧、带有绝缘手柄钢丝钳切断电线。

2. 第二步：按照触电者受伤程度对症救治

（1）如果触电者还没有昏迷，可以让他静卧进行观察，并迅速请医生来救治。

（2）如果触电者已经处于昏迷状态，但还有呼吸，可让其舒适安静地平卧，劝散围观者保持空气流通，并解开他的上衣以利呼吸，迅速请医生前来救治。

（3）如果触电者呼吸困难，次数渐少，并不时出现抽筋现象，应准备一旦心跳、呼吸停止后立刻采用人工氧合方法进行救治。人工氧合工作必须连续进行而不可草率中止，即便是在送往医院的路上，因为经过连续 6 小时人工氧合而将触电者救活的实例确实存在。只有患者身体冰凉并出现尸斑，或瞳孔放大而且光感消失时（用手电照射患者眼睛时瞳孔不再收缩），才可以确认触电者死亡。

（4）人工呼吸法：人工呼吸法是触电急救最有效的方法之一，其中口对口人工呼吸效果最为明显，具体操作方法如下：

1）迅速使触电者仰卧，解开触电者衣扣、紧身衣、裤带等衣物，以保证触电者的胸部和腹部自由扩张。然后掰开他的嘴，清除口腔中的呕吐物，带有假牙的触电者应摘下来，如果触电者的舌头往后收缩，应该拉出来，保证其呼吸道畅通；如果触电者牙关紧闭，可以用小木片或金属片从嘴角伸入牙缝慢慢撬开。

2）抢救者在触电者头部旁边，一手捏紧触电者的鼻子（不要漏气），另一手扶住触电人的下颌，使其张开嘴（为了防止触电者腹中的污浊气体或呕吐物进入抢救者嘴里，应在其嘴上盖一块纱布或其他透气薄布）。

3）抢救者深呼吸后，紧贴触电者的嘴吹气（不要漏气）并观察触电者胸部的起伏情况，以胸部略有起伏为宜，吹气太多容易吹裂肺泡（可根据情况调节吹气量的大小）。

4）抢救者准备换气时，应立即离开触电者的嘴让其自然呼气，并观察胸部复原情况以判断患者有无呼吸道梗阻现象。

以上步骤反复进行，成人的吹气次数为 14~16 次/min（大约 5s 吹一次，吹气时间约为 2s，呼气时间约为 3s），儿童的吹气次数为 18~24 次/min，可让其鼻孔自然漏气，不必捏紧。切记不要让儿童的胸部过分膨胀，以防吹破肺泡。如果触电者的嘴不能掰开，亦可捏紧其嘴唇通过鼻孔吹气。

（5）胸外挤压法（心外按摩）：

1）让触电者仰卧并保持呼吸道畅通（具体要求可参照人工呼吸法），背部着地的地方应平整、稳固。以保证挤压效果。抢救者两手交叉叠在一起，把下面的掌根放在触电者两乳头间略下一点，胸骨下三分之一处（略高于胸口）。

2）肘关节伸直，适当用力带有冲击性地挤压患者胸骨（对准脊椎骨从上往下用力），这时候可以触摸到被抢救者的脉搏跳动，否则说明挤压部位不正确或是力度不够，应根据具体情况进行调节。切记：使用心外按摩方法时不可用力过猛或过大，以防把胃中的食物挤压出来造成呼吸道阻塞或折断肋骨！但也不可用力过小，用力过小将达不到挤压效果。具体操作方法是成人可压下去 3 ~ 4cm，儿童用力要小些，压下去的深度也要相应浅一些，可单手操作。

3）挤压后掌根应迅速放松（但不要离开胸部），使触电者的胸骨自动复位。

4）挤压次数：成人为 60 次/min，儿童为 90 ~ 100 次/min。

（6）人工氧合：人工呼吸法和胸外按摩法同时进行称为人工氧合法，具体操作方法为：人工氧合法应由两个人轮流进行，一般胸外按摩为 60 次/min，人工呼吸为 14 ~ 16 次/min，操作比例为 4∶1，如果抢救者只有一个人，可以先做 4 次胸外按摩，再做 1 次人工呼吸。

触电抢救工作往往需要很长时间，有时甚至要 1 ~ 2h，必须连续进行，不可中断。抢救见效以后，触电者会出现面色好转、嘴唇红润、瞳孔缩小等反应，心跳和呼吸也会慢慢恢复正常。对于触电者因跌倒或高空坠落所造成的外伤应迅速请医生救治。

16.2.3　间接伤害的急救

间接伤害不是电能作用的结果，而是由于触电导致人员跌倒或坠落等二次事故所造成的伤害。

对因跌倒或高空坠落造成二次受伤的触电者，抢救者应先检查其伤势再进行救治，如遇到下列情形之一，则不可采用胸外按摩方法：

（一）内出血：对内出血患者进行胸外按摩会加大其出血量，进而形成生命危险。内出血的主要表现为血压持续下降。

（二）脊椎骨骨折：脊椎骨骨折容易压迫或损伤脊髓神经，发现这种情况切不可施行胸外按摩术，搬运患者时应让其仰卧在平整木板上，不可随意背、抬或者让其翻身、转身，以免导致截瘫而铸成终生遗憾。

（三）其他严重骨折。

出现以上各种情况，不影响人工呼吸的操作。

16.3　坠　落

16.3.1　高处坠落摔伤

高处坠落摔伤是指从高处坠落而导致受伤。急救要点：

（1）坠落在地的伤员，应初步检查伤情，不乱搬动摇晃，立即呼叫120急救医生前来救治。

（2）采取初步救护措施：止血、包扎、固定。

（3）怀疑脊椎骨折，按脊椎骨折的搬运原则。切忌一人抱头一人扶腿搬运；伤员上下担架应由3～4人分别抱住头、胸、臀、腿，保持动作一致平稳，避免脊椎弯曲扭动，加重伤情。

16.3.2 水中淹溺

淹溺是指人淹没在水中，由于呼吸道被外物堵塞或喉头、气管发生反射性痉挛而造成的窒息和缺氧，以及水进入肺后造成呼吸、循环系统及电解质平衡紊乱，发生呼吸、心跳停止而死亡。淹溺的现场急救要点：

1. 迅速清除呼吸道异物

溺水者从水中救起后，呼吸道常被呕吐物、泥沙、藻类等有异物阻塞，应以最快的速度使其呼吸道通畅，并立即将患者平躺，头向后仰，抬起下巴，撬开口腔，将舌头拉出，清除口鼻内异物，如有活动假牙也应取出，以免坠入气管；有紧裹的内衣、乳罩、腰带等应解除。

在清除口内异物时常会遇到如何打开口腔的问题。牙关紧闭者，可按捏其两侧颊肌，再用力启开。如有开口器启开则可用开口器启开。在迅速清除口鼻异物后，如有心跳者，习惯上多行控水处理。

2. 排除胃内积水处理

这是指用头低脚高的体位将肺内及胃内积水排出。最常用的简单方法是：迅速抱起患者的腰部，使其背向上、头下垂，尽快倒出肺、气管和胃内积水；也可将其腹部置于抢救者屈膝的大腿上，使头部下垂，然后用手平压其背部，使气管内及口咽的积水倒出；也可利用小木凳、大石头、倒置的铁锅等物做垫高物。在此期间抢救动作一定要敏捷，切勿因控水过久而影响其他抢救措施。以能倒出口、咽及气管内的积水为度，如排出的水不多，应立即采取人工呼吸、胸外心脏按压等急救措施。

3. 人工呼吸、胸外心脏按压

首先要判断有无呼吸和心跳，应以你的侧面对着患者的口鼻，仔细倾听，并观察其胸部的活动，同时可触摸颈动脉，看有无搏动。若呼吸已停，应立即进行持续人工呼吸，方法以俯卧压背法较适宜，有利于肺内积水排出，口对口或口对鼻正压吹气法最为有效。若救护者能在托出溺水者头部出水时，在水中即行口对口人工呼吸，对患者心、脑、肺复苏均有重要意义。如溺水者尚有心跳，且较有节律，也可单纯做人工呼吸。如心跳也停止，应在人工呼吸的同时做胸外心脏按压。胸外心脏按压与人工呼吸的比例为15:2。胸外心脏按压的正确位置应在胸骨的上2/3与下1/3的交界处，抢救者以手掌的掌跟部置于上述按压部位，另一掌交叉重叠于此掌背上，其手指不应加压于患者的胸部，按压时两腹伸直，用肩背部力量垂直向下，使胸骨下压3～4cm左右然后放松，但掌跟不要离开胸壁，按压次数为60～80次/min，连续按压15次再做人工呼吸2次。如胸外心脏按压无效时，应考虑电除颤。人工呼吸吹气时气量要大，足以克服肺内阻力才有效。经短期抢救心跳、呼吸不恢复者，不可轻易放弃。人工呼吸必须直至自然呼吸完全恢复后才可停止，至少坚持3～4h。转院途中也应继续进行抢救。面罩加压通气常会引起胃内积水等被误送入呼吸道内，不宜采用。到医院后应采用气管插管加压人工呼吸，并提高吸氧浓度达70%以上。

4. 复温

复温对纠正体温过低造成的严重影响是急需的，使患者体温逐渐恢复到30～32℃，但复温速度不能过快。具体方法有热水浴法、温热林格氏液灌肠、体外循环复温法等。恢复体温救治工作应有医务专业人员实施。

5. 紧急用药

心跳已停者应紧急送往医院，有医务人员采取用药物急救。一般可重复静脉推注肾上腺素0.5～1mg，如发现室颤又无除颤器时可静脉推注利多卡因50～100mg，还可同时用尼可刹米375mg、洛贝林3～6mg，以帮助呼吸恢复。

16.4　中　毒

16.4.1　一般中毒急救措施

（1）施工现场一旦发生中毒事故，应设法尽快使中毒人员脱离中毒现场、中毒物源，排除吸收的和未吸收的毒物。

（2）救护人员在将中毒人员脱离中毒现场的急救时，应注意自身的保护，在有毒有害气体发生场所，应视情况，采用加强通风或用湿毛巾等捂着口、鼻，腰系安全绳，并有场外人控制、监护、应急，在有毒气场所施救时，救护人员应使用防毒面具。

（3）在施工现场因接触油漆、涂料、沥青、外掺剂、添加剂、化学制品等有毒物品中毒时，应脱去污染的衣物并用大量的微温水清洗污染的皮肤、头发以及指甲等，对不溶于水的毒物用适宜的溶剂进行清洗。吸入毒物中毒人员尽可能送往有高压氧舱的医院救治。

（4）在施工现场食物中毒，对一般神志清楚者应设法催吐：喝微温水300～500mL，用压舌板等刺激咽后壁或舌根部以催吐，如此反复，直到吐出物为清亮物体为止。对催吐无效或神志不清者，则送往医院救治。

（5）在施工现场如已发现心跳、呼吸不规则或停止呼吸、心跳的时间不长，则应把中毒人员移到空气新鲜处，立即施行口对口（口对鼻）呼吸法和体外心脏挤压法进行抢救。

16.4.2　食物中毒急救要点

（1）立即停止食用可疑中毒食物。

（2）强酸、强碱物质引起的食物中毒，应先饮蛋清、牛奶、豆浆或植物油200mL保护胃黏膜。

（3）封存可疑食物，留取呕吐物、尿液、粪便标本，以备化验。

（4）采取催吐的方法，尽快排出毒物。一次饮600mL清水或1:2000的高锰酸钾溶液，然后用筷子等物刺激咽喉壁，造成呕吐，将胃内食物吐出来，反复进行多次，直到吐出清水为止，已经发生呕吐的病人不要再催吐。

（5）尽快将病人送医院进一步救治。

16.4.3 防中毒、窒息应急措施

（1）对已建排水管道井下作业，必须提前揭开工作井及其相邻的上下游井盖，进行自然通风或强制通风，并用叉子搅动井内沉积物，排除有毒、易燃气体。下井前应用仪器对井内的气体进行检查，经气体检查符合下井要求时，方可下井。井上应设专人对井下作业人员安全实施监护。

（2）在下水道、燃气管线以及有可能发生有毒有害气体的场所施工时，都要检测气体的种类和浓度，采取通风措施，待浓度达到规定的标准之下后方能作业。在作业过程中，还要随时进行气体检测和保持通风良好，当发现有害气体的浓度超标时，要立即撤离作业人员。

（3）下井作业人员必须身系安全带，地面上要有人员配合呼应，若呼叫井下人员无应答、拉动安全带无响应，则及时把井下人员拉上地面。若人员已发生中毒、窒息时，立即进行现场人工呼吸救护，同时向项目部安全员、项目经理紧急汇报或报120等请求紧急救援，不可冒险下井对中毒、窒息人员进行救护。

（4）食堂要认真做好卫生保洁工作，炊事人员要有健康证。食物生熟要分开保管，有些食物要煮熟炒透，如豆类、黄花菜等，避免发生食物中毒事故。

（5）若发生食物中毒事故，需及时送医院进行抢救，通知项目经理和公司领导，封存剩余食物及保护呕吐现场，送有关检测部门检验，便于事故调查。

（6）冬季施工，要注意预防发生取暖造成环境一氧化碳浓度过高及缺氧引起中毒事故。

16.5 其 他

16.5.1 中暑

夏季，在建筑工地上劳动或工作最容易发生中暑，轻者全身疲乏无力、头晕、头疼、烦闷、口渴、恶心、心慌；重者可能突然晕倒或昏迷不醒。遇到这种情况应马上进行急救，让病人平躺，并放在阴凉通风处，松解衣扣和腰带，慢慢地给患者喝一些凉开（茶）水、淡盐水或西瓜汁等，也可给病人服用十滴水、仁丹、藿香正气片（水）等消暑药。病重者，要及时送往医院治疗。

16.5.2 烧伤

（1）防止烧伤：身体已经着火可就地打滚或用厚湿的衣物盖以压灭火苗，或者尽快脱去燃烧衣物，如果衣物与皮肤粘连一起，应用冷水浇湿或浸湿后，轻轻脱去或剪去。

（2）冷却烧伤部位，用冷水冲洗、冷敷或浸泡肢体，降低皮肤温度。

（3）用干净纱布或被单覆盖和包裹烧伤创面，切忌在烧伤处涂各种药水和药膏，如紫药水、红药水等，以免掩盖病情。

（4）为防止烧伤休克，烧伤伤员可口服自制烧伤饮料糖盐水，如在 500mL 开水中放入白糖 500g 左右、食盐 1.5g 左右制成。切忌给烧伤伤员喝白开水。

（5）搬运烧伤伤员，动作要轻柔、平稳，尽量不要拖拉、滚动，以免加重皮肤损伤。

16.5.3 冻伤

冻伤是人体遭受低温侵袭后发生的损伤。冻伤的发生除了与寒冷有关，还与潮湿、局部血液循环不良和抗寒能力下降有关。一般将冻伤分为冻疮、局部冻伤和冻僵三种。

（1）冻疮：冻疮一般发生在低温（如零上 3～5℃）和潮湿的环境中。因此，不仅我国的北方地区，而且在华东、华中地区也较常见。冻疮常在不知不觉中发生，部位多在耳廓、手、足等处。表现为局部发红或发紫、肿胀、发痒或刺痛，有些可起水泡，而后发生糜烂或结痂。发生冻疮后，可在局部涂抹冻疮膏；糜烂处可涂用抗菌类和可的松类软膏。

（2）局部冻伤：局部冻伤多在 0℃ 以下缺乏防寒措施的情况下，耳部、鼻部、面部或肢体受到冷冻作用发生的损伤。一般分为四度：

一度冻伤：表现为局部皮肤从苍白转为斑块状的蓝紫色，以后红肿、发痒、刺痛和感觉异常。

二度冻伤：表现为局部皮肤红肿、发痒、灼痛，早期有水泡出现。

三度冻伤：表现为皮肤由白色逐渐变为蓝色，再变为黑色。感觉消失。冻伤周围的组织可出现水肿和水泡，并有较剧烈的疼痛。

四度冻伤：伤部的感觉和运动功能完全消失，呈暗灰色。由于冻伤组织与健康组织交界处的冻伤程度相对较轻，交界处可出现水肿和水泡。

发生冻伤时，如有条件可让患者进入温暖的房间，给予温暖的饮料，使伤员的体温尽快提高。同时将冻伤的部位浸泡在 38～42℃ 的温水中，水温不宜超过 45℃，浸泡时间不能超过 20min。如果冻伤发生在野外无条件进行热水浸浴，可将冻伤部位放在自己或救助者的怀中取暖，同样可起到热水浴的作用，使受冻部位迅速恢复血液循环。在对冻伤进行紧急处理时，绝不可将冻伤部位用雪涂擦或用火烤，这样做只能加重损伤。

（3）冻僵：冻僵是指人体遭受严寒侵袭，全身降温所造成的损伤。伤员表现为全身僵硬，感觉迟钝，四肢乏力，头晕，甚至神志不清，知觉丧失，最后因呼吸循环衰竭而死亡。

发生冻僵的伤员已无力自救，救助者应立即将其转运至温暖的房间内，搬运时动作要轻柔，避免僵直身体的损伤。然后迅速脱去伤员潮湿的衣服和鞋袜，将伤员放在 38～42℃ 的温水中浸浴；如果衣物已冻结在伤员的肢体上，不可强行脱下，以免损伤皮肤，可连同衣物一起侵入温水，待解冻后取下。

16.5.4 窒息

窒息按发生的原因可分为两类，一类是阻塞性窒息，另一类是吸入性窒息。伤员如发生呼吸困难或窒息，应迅速判明原因，采取相应措施，积极进行抢救。窒息的急救处理治疗：

窒息救治的关键是早期发现与及时处理。如发现伤员有烦躁不安、面色苍白、鼻翼翕动、三凹片、口唇发绀、血压下降、瞳孔散大等呼吸困难或窒息症状时，则应争分夺秒进行抢救。

（1）对阻塞性窒息的伤员，应根据具体情况，采取下列措施：

1）因血块及分泌物等阻塞咽喉部的伤员，应迅速用手掏出或用塑料管吸出阻塞物，同时改变体位，采取侧卧或俯卧位，继续清除分泌物，以解除窒息。

2）因舌后坠而引起窒息的伤员，应在舌尖后约2cm处用粗线或别针穿过全层舌组织，将舌牵拉出口外，并将牵拉线固定于绷带或衣服上。可将头偏向一侧或采取俯卧位，便于分泌物外流。

3）上颌骨骨折段下垂移位的伤员，在迅速清除口内分泌物或异物后，可就地取材采用筷子、小木棒、压舌板等，横放在两侧前磨牙部位，将上颌骨向上提，并将两端固定于头部绷带上。通过这样简单的固定，即可解除窒息，并可达到部分止血的目的。

4）咽部肿胀压迫呼吸道的伤员，可以由口腔或鼻腔插入任何形式的通气导管，以解除窒息。如情况紧急，又无适当通气导管，可用15号以上粗针头由环甲筋膜刺入气管内。如仍通气不足，可同时插入2~3根，随后作气管造口术。如遇窒息濒死，可紧急切开环甲筋膜进行抢救，待伤情缓解后，再改作常规气管造口术。

（2）对吸入性窒息的伤员，应立即进行气管造口术，通过气管导管，迅速吸出血性分泌物及其他异物，恢复呼吸道通畅。这类伤员在解除窒息后，应严密注意防治肺部并发症。

16.5.5　骨折

骨头受到外力打击，发生完全或不完全断裂时，称骨折。

骨折固定的目的是：止痛、止动、减轻伤员痛苦、防止伤情加重、防止休克、保护伤口、防止感染、便于运送。

1. 骨折的判断

疼痛和压痛、肿胀、畸形、功能障碍。

按骨折端是否与外界相通分为：闭合性骨折，骨折端没刺出皮肤和开放性骨折，骨折端刺出皮肤。

2. 骨折固定的材料

常用的有木制、铁制、塑料制夹板。临时夹板有木板、木棒、树枝、竹竿等。如无临时夹板，可固定于伤员躯干或健肢上。

3. 骨折固定的方法要领

先止血，后包扎，再固定；夹板长短与肢体长短相称；骨折突出部位要加垫；先扎骨折上下两端，后固定两关节；四肢露指（趾）；胸前挂标志；迅速送医院。

4. 常见5种骨折固定的方法

（1）前臂骨折固定法。先将夹板放置骨折前臂外侧，骨折突出部分要加垫，然后固定腕、肘两关节（腕部8字形固定），用三角巾将前臂悬挂于胸前，再用三角巾将伤肢固定于胸廓。前臂骨折无夹板三角巾固定：先用三角巾将伤肢悬挂于胸前，后用三角巾将伤肢固定于胸廓。

（2）上臂骨折固定法。先将夹板放置于骨折上臂外侧，骨折突出部分要加垫，然后固定肘、肩两关节，用三角巾将上臂悬挂于胸前，再用三角巾将伤肢固定于胸廓。上臂骨折无夹板三角巾固定：先用三角巾将伤肢固定于胸廓，后用三角巾将伤肢悬挂于胸前。

（3）锁骨骨折固定法。丁字夹板固定法——丁字夹板放置背后胛骨上，骨折处垫上棉垫，然后用三角巾绕肩两周结在板上，夹板端用三角巾固定好。三角巾固定法：挺胸，双肩向后，两侧腋下放置棉垫，用两块三角巾分别绕肩两周打结，然后将三角巾结在一起，前臂屈曲用三角巾固定于胸前。

（4）小腿骨折固定法。先将夹板放置骨折小腿外侧，骨折的突出部分要加垫，然后固定伤口上下两端，固定膝、踝两关节（8字固定踝关节），夹板顶端再固定。

（5）大腿骨折固定法。先将夹板放置骨折大腿外侧，骨折突出部分要加垫，然后固定伤口上、下两端，固定踝、膝关节，最后固定腰、骶、胯部。

5. 骨折的搬运

当发现有骨折伤员时，切记不可乱搬动，防止不合理的扶、拉、搬动而导致伤情加重或伤害神经。要设法保护受伤部位。需要搬运时，应用木板等硬物器抬运，让伤员平置，并保持平稳，减轻颠簸。

16.5.6　严重创伤出血

1. 止血

（1）当肢体受伤出血时，先抬高伤肢，然后用消毒纱布或棉垫覆盖在伤口表面，在现场可用清洁的手帕、毛巾或其他棉织品代替，再用绷带或布条加压包扎止血。

（2）当肢体动脉创伤出血时，一般的止血包扎达不到理想的止血效果。这时，就先抬高肢体，使静脉血充分回流，然后在创伤部位的近心端放上弹性止血带，在止血带与皮肤间垫上消毒纱布棉垫，以免扎紧止血带时损伤局部皮肤。止血带必须扎紧，要加压扎紧到切实将该处动脉压闭。同时记录上止血带的具体时间，争取在上止血带后2h以内尽快将伤员转送到医院救治。要注意过长时间地使用止血带，肢体会因严重缺血而坏死。

2. 包扎、固定

（1）创伤处用消毒的敷料或清洁的医用纱布覆盖，再用绷带或布条包扎，既可以保护创伤预防感染，又可减少出血帮助止血。

（2）在肢体骨折时，可借助绷带包扎夹板来固定受伤部位上、下2个关节，减少损伤，减少疼痛，预防休克。

（3）在房屋、支架倒塌、塌陷中，一般受伤人员均表现为肢体受压。在解除肢体压迫后，应马上用弹性绷带缠绕伤肢，以免发生组织肿胀。这种情况下的伤肢就不应该抬高，不应该局部按摩，不应该施行热敷，不应该继续活动。

3. 搬运。

（1）经现场止血、包扎、固定后的伤员，应尽快正确地搬运转送医院抢救。不正确的搬运，可导致继发性的创伤，加重病痛，甚至威胁生命。

（2）肢体受伤有骨折时，宜在止血包扎固定后再搬运，防止骨折断端因搬运振动而移位，加重疼痛，再继发损伤附近的血管神经，使创伤加重。

（3）处于休克状态的伤员要让其安静、保暖、平卧、少动，并将下肢抬高 20°左右，及时止血、包扎、固定伤肢，以减少创伤疼痛，尽快送医院进行抢救治疗。

（4）在搬运严重创伤伴有大出血或已休克的伤员时，要平卧运送伤员，头部可放置冰袋或戴冰帽，路途中要尽量避免振荡。

（5）在搬运高处坠落伤员时，若疑有脊椎受伤可能的，一定要使伤员平卧在硬板上搬运，切忌只抬伤员的两肩与两腿或单肩背运伤员。因为这样会使伤员的躯干过分屈曲或过分伸展，致使已受伤的脊椎移位，甚至断裂将造成截瘫或导致死亡。

17 施工现场环境卫生和文明施工

17.1 文明施工管理

17.1.1 现场文明施工的基本要求

（1）施工现场必须设置明显的标牌，标明工程项目名称、建设单位、设计单位、施工单位、项目经理和施工现场总代表人的姓名、开、竣工日期、施工许可证批准文号和接受社会监督的公开电话（投诉电话）等。施工单位负责施工现场标牌的保护工作。在城镇区域内进行市政工程施工，应做好作业区与外界的围护隔离设施。

（2）施工现场的管理人员在施工现场应当佩戴证明其身份的胸卡。

（3）应当按照施工总平面布置图设置各项临时设施。现场堆放的大宗材料、成品、半成品和机具设备不得侵占场内道路及安全防护等设施。

（4）施工现场的用电线路、用电设施的安装和使用必须符合施工现场临时用电安装规范和安全操作规程，并按照施工组织设计进行架设，严禁任意拉线接电。施工现场必须设有保证施工安全要求的夜间照明；危险潮湿场所的照明以及手持照明灯具，必须采用符合安全要求的电压。

（5）施工机械应当按照施工总平面布置图规定的位置和线路设置，不得任意侵占场内道路。施工机械进场须经过安全检查，经检查合格的方能使用。施工机械操作人员必须建立机组责任制，并依照有关规定持证上岗，禁止无证人员操作。

（6）应保证施工现场道路畅通，排水系统处于良好的使用状态；保持场容场貌的整洁，随时清理工程和生活垃圾。在车辆、行人通行的地方施工，应当设置施工警示标志，并对沟井坎穴进行安全覆盖。

（7）施工现场的各种安全设施和劳动保护器具，必须定期进行检查和维护，及时消除隐患，保证其安全有效。

（8）施工现场应当设置各类必要的职工生活设备，并符合卫生、整洁、通风、照明等要求。职工的膳食、饮水供应等应当符合卫生要求。

（9）应当做好施工现场安全保卫工作，采取必要的防盗措施，在工程项目部基地和施工现场周边设立围护设施。

（10）应当严格依照《中华人民共和国消防条例》的规定，在施工现场建立和执行防火管理制度，设置符合消防要求的消防设施，并保持完好的备用状态。在容易发生火灾的地区施工，或者储存、使用易燃易爆器材时，应当采取特殊的消防安全措施。

（11）施工现场发生工程建设重大事故的处理，依照《工程建设重大事故报告和调查程序规定》执行。

17.1.2 文明施工基本条件与要求

文明施工是指保持施工场地整洁、卫生，施工组织科学，施工程序合理的一种施工活动。实现文明施工，不仅要着重做好现场的场容管理工作，而且还要相应做好现场材料、机械、安全、技术、保卫、消防和生活卫生等方面的管理工作。一个工地的文明施工水平是该工地乃至所在企业各项管理工作水平的综合体现。

1. 文明施工基本条件

（1）有整套的施工组织设计（或施工方案）。

（2）有健全的施工指挥系统和岗位责任制度。

（3）工序衔接交叉合理，交接责任明确。

（4）有严格的成品保护措施和制度。

（5）大小临时设施和各种材料、构件、半成品按平面布置堆放整齐。

（6）施工场地平整，道路畅通，排水设施得当，水电线路整齐。

（7）机具设备状况良好，使用合理，施工作业符合消防和安全要求。

2. 文明施工基本要求

（1）工地主要入口要设置简朴规整的大门，门旁必须设立明显的标牌，标明工程名称、施工单位和工程负责人姓名等内容。

（2）施工现场建立文明施工责任制，划分区域，明确管理负责人，实行挂牌制，做到现场清洁整齐。

（3）施工现场场地平整，道路坚实畅通，有排水措施，基础、地下管道施工完后要及时回填平整，清除积土。

（4）现场施工临时水电要有专人管理，不得有长流水、长明灯。在施工工地要设置临时卫生厕所，严禁在工地上大小便。

（5）施工现场的临时设施，包括生产、办公、生活用房、仓库、料场、临时上下水管道以及照明、动力线路，要严格按施工组织设计确定的施工平面图布置、搭设或埋设整齐。

（6）工人操作地点和周围必须清洁整齐，做到活完脚下清，工完场地清；丢洒在道路、硬地面上的砂浆混凝土、沥青拌和料要及时清除。

（7）砂浆、混凝土在搅拌、运输、使用过程中，要做到不洒、不漏、不剩，使用地点盛放砂浆、混凝土必须有容器或垫板，如有洒、漏要及时清理。

（8）要有严格的成品保护措施，严禁损坏污染成品、堵塞管道。

（9）施工现场不准乱堆垃圾及余物。应在适当地点设置临时堆放点，并定期外运。清运渣土垃圾及流体物品，要采取遮盖防漏措施，运送途中不得遗撒。

（10）根据工程性质和所在地区的不同情况，采取必要的围护和遮挡措施，并保持外观整洁。

（11）施工作业人员必须按不同工种要求，正确使用劳动防护用品。

（12）针对施工现场情况设置宣传标语和黑板报，并适时更换内容，切实起到表扬先进、促进后进的作用。

（13）施工现场严禁居住家属，严禁居民、家属、小孩在施工现场穿行、玩耍。

（14）现场使用的机械设备，要按平面布置规划固定点存放，遵守机械安全规程，经常保持机身及周围环境的清洁，机械的标记、编号明显，安全装置可靠。

（15）清洗车辆机械排出的污水要有沉淀排放措施，不得随地流淌。

（16）在用的搅拌机、砂浆机旁必须设有沉淀池，不得将浆水直接排入下水道及河流等处。

（17）塔吊轨道按规定铺设整齐稳固，塔边要封闭，道砟不外溢，路基内外排水畅通。

（18）施工现场应建立不扰民措施，针对施工特点设置防尘和防噪声设施，夜间施工必须有当地主管部门的批准。

17.2　施工现场的环境保护

17.2.1　大气污染的防治措施

（1）施工现场垃圾渣土要及时清理出现场。

（2）高大建（构）筑物清理施工垃圾时，要使用封闭式的容器或者采取其他措施处理高空废弃物，严禁凌空随意抛洒。

（3）施工现场道路应指定专人定期洒水清扫，形成制度，防止道路扬尘。

（4）对于细颗粒散体材料（如水泥、粉煤灰、黄砂等）的运输，储存要注意遮盖、密封，防止和减少飞扬。

（5）车辆开出工地要做到不带泥砂，基本做到不洒土、不扬尘，减少对周围环境污染。

（6）除有符合规定的除尘减排装置外，禁止在施工现场焚烧油毡、橡胶、塑料、皮革、树叶、枯草、各种包装物等废弃物品以及其他会产生有毒、有害烟尘和恶臭气体的物质。

（7）机动车都要安装减少尾气排放的装置，确保符合国家车辆尾气排放标准。

（8）工地茶炉应尽量采用电热水器。若只能使用烧煤茶炉和锅炉时，应选用消烟除尘型茶炉和锅炉，大灶应选用消烟节能回风炉灶，使烟尘降至允许排放范围为止。

（9）大城市市区的建设工程已不容许现场搅拌混凝土和沥青混合料。在容许设置搅拌站的工地，应将搅拌站封闭严密，并在进料仓上方安装除尘装置，采用可靠措施控制工地粉尘污染。

（10）拆除旧建筑物时，应适当洒水，防止扬尘。

17.2.2　施工过程水污染的防治措施

（1）禁止将有毒有害废弃物作土方回填。

（2）施工现场搅拌站废水和各种车辆、机械冲洗污水必须经沉淀池沉淀合格后再排放，最好将沉淀水用于工地洒水降尘和采取措施回收利用。

（3）现场存放油料，必须对库房地面进行防渗处理。如采用防渗混凝土地面、铺油毡等措施。使用时，要采取防止油料跑、冒、滴、漏的措施，以免污染水体。

（4）施工现场100人以上的临时食堂，污水排放时可设置简易有效的隔油池，定期清理，防止污染。

（5）工地临时厕所，化粪池应采取防渗措施。中心城市施工现场的临时厕所可采用水冲式厕所，并有防蝇、灭蛆措施，防止污染水体和环境。

（6）化学用品，外加剂等要妥善保管，库内存放，防止污染环境。

17.2.3　施工现场噪声的控制措施

噪声控制技术可从声源、传播途径、接收者防护等方面来考虑。

1. 声源控制

从声源上降低噪声，这是防止噪声污染的最根本的措施。

（1）尽量采用低噪声设备和工艺，代替高噪声设备与工艺，如低噪声振捣器、风机、电动空压机、电锯等。

（2）在声源处安装消声器消声，即在通风机、鼓风机、压缩机、燃气机、内燃机及各类排气放空装置等进出风管的适当位置设置消声器。

2. 传播途径的控制

在传播途径上控制噪声方法主要有以下几种。

（1）吸声：利用吸声材料（大多由多孔材料制成）或由吸声结构形成的共振结构（金属或木质薄板钻孔制成的空腔体）吸收声能，降低噪声。

（2）隔声：应用隔声结构，阻碍噪声向空间传播，将接收者与噪声声源分隔。隔声结构包括隔声室、隔声罩、隔声屏障、隔声墙等。

（3）消声：利用消声器阻止传播。允许气流通过的消声降噪是防治空气动力性噪声的主要装置。如对空气压缩机、内燃机产生的噪声等。

（4）减振降噪：对来自振动引起的噪声，通过降低机械振动减小噪声，如将阻尼材料涂在振动源上，或改变振动源与其他刚性结构的连接方式等。

3. 接收者的防护

让处于噪声环境下的人员使用耳塞、耳罩等防护用品，减少相关人员在噪声环境中的暴露时间，以减轻噪声对人体的危害。

4. 严格控制人为噪声

进入施工现场不得高声喊叫、无故甩打模板、乱吹哨，限制高音喇叭的使用，最大限度地减少噪声扰民。

5. 控制强噪声作业的时间

凡在人口稠密区进行强噪声作业时，须严格控制作业时间，一般晚9点到次日早6点时间内应停止强噪声作业。确系特殊情况必须昼夜施工时，应获得当地环保部门书面批准，尽量采取降低噪声措施。同时，主动会同建设单位找当地居委会（社区）、村委会或当地居民协调，出安民告示，求得群众谅解和配合。

17.2.4　施工现场噪声的限值

根据国家标准《建筑施工场界噪声限值》（GB 12523-2011）的要求，对不同施工作业的噪声限值见表 17-1 所示。在工程施工中，要特别注意不得超过国家标准的限值，尤其是夜间禁止打桩作业。

建筑施工场界噪声限值　　　　　　　　　　　　　　　　表 17-1

施工阶段	主要噪声源	噪声限值〔dB（A）〕	
		昼间	夜间
土石方	推土机、挖掘机、装载机等	75	55
打桩	各种打桩机械等	85	禁止施工
结构	混凝土搅拌机、振捣棒、电锯等	70	55
装修	吊车、升降机等	65	55

17.3　施工现场的环境卫生

17.3.1　施工区与生活区卫生管理措施

1. 施工区环境卫生管理措施

（1）施工现场要天天打扫，保持整洁卫生，场地平整，各类物品堆放整齐；主要道路必须进行硬化处理。道路平坦畅通，无堆放物、无散落物，做到无积水、无黑臭、无垃圾，有排水措施。

（2）生活垃圾与建筑垃圾要分别定点、分类堆放，严禁混放，并应及时采用相应容器清运出场。施工现场严禁焚烧各类废弃物。

（3）施工现场严禁随地大小便，发现有随地大小便现象要对责任人进行处罚。施工区、生活区有明确划分，设置标志牌，标牌上注明责任人姓名和管理范围。

（4）卫生区的平面图应按比例绘制，并注明责任区编号和负责人姓名。

（5）施工现场零散材料和垃圾，要及时清理，垃圾临时放不得超过 3d，如违反制度规定要对行管责任人进行追究。

（6）办公室内做到天天打扫，保持整洁卫生，做到窗明地净，文具摆放整齐，制度上墙。

（7）施工现场的厕所，必须对墙面、水槽粘贴，瓷砖要有水冲设施；做到有顶、门窗齐全、通风采光；坚持天天打扫，每周消毒两次，消灭蝇蛆。

（8）为了广大职工身体健康，施工现场必须设置开水桶（建议自带茶杯），公用杯子必须采取消毒措施，茶水桶必须有盖并加锁，专人管理。

（9）施工现场的卫生要定期进行检查和不定期进行抽查，发现问题，限期改正。

（10）施工现场应配备常用药及绷带、止血带、颈托、担架等急救器材。

2. 生活区卫生管理

（1）宿舍卫生管理规定

1）宿舍必须设置可开启的窗户，宿舍内的床铺不得超过2层，严禁使用通铺。室内净高不得小于2.4m，通道宽度不得小于0.9m，每间宿舍内居住人员不得超过16人。

2）职工宿舍要有卫生管理制度，实行室长负责制，规定一周内每天卫生值日名单并张贴上墙，做到天天有人打扫。保持室内窗明地净，通风良好。

3）职工宿舍铺上、铺下做到整洁有序，室内和宿舍四周保持干净，污水、污物和生活垃圾集中处理，及时外运。

4）宿舍内保持清洁卫生，清扫出的垃圾倒在指定的垃圾桶内，并及时清理。

5）生活废水处置应有污水池，经沉淀后排放市政管网。临时生活设施二楼以上一般也要有水源及水池，做到卫生区内无污水、无污物，废水不得乱倒乱流。

6）夏季宿舍应有防暑和防蚊虫叮咬措施。

7）宿舍内一律禁止使用电炉及其他用电加热器具。不得随意增大照明用电量。

（2）办公室卫生管理规定

1）办公室的卫生由办公室全体人员轮流值班，负责打扫，排出值班表。

2）值班人员负责打扫卫生、打水，做好来访记录，整理文具。文具应摆放整齐，做到窗明地净，无蝇、无鼠。

3）办公人员在工作时间内禁止吃各种零食，各类零食不得在办公室内存放过夜。

4）办公室内一律禁止使用电炉及其他电加热器具。

（3）食堂卫生管理

1）为加强施工工地食堂管理，严防肠道传染病的发生，杜绝食物中毒，把住病从口入关，各单位要加强对食堂的治理整顿。工地设立食堂，应远离厕所、垃圾投放点、有毒有害场所等污染源的地方。

2）工地食堂必须有当地卫生防疫部门发放的《卫生许可证》，炊事人员必须持身体健康证上岗。《卫生许可证》和炊事人员健康证应张贴食堂醒目处。

3）根据《食品卫生法》规定，依照食堂规模的大小，入伙人数的多少，应当有相应的食品原料处理、加工、贮存等场所及必要的上、下水等卫生设施。要做到防尘、防蝇，与污染源（污水沟、厕所、垃圾箱等）应保持30m以上的距离。食堂内外每天做到清洗打扫，并保持内外环境的整洁。

①食品卫生

A. 采购运输

a. 采购外地食品应向供货单位索取县以上食品卫生监督机构开具的检验合格证或检验单。必要时可请当地食品卫生监督机构进行复验。

b. 采购食品使用的车辆、容器要清洁卫生，做到生熟分开，防尘、防蝇、防雨、防晒。

c. 不得采购制售腐败变质、霉变、生虫、有异味或《食品卫生法》规定禁止生产经营的食品。

B. 贮存、保管

a. 根据《食品卫生法》的规定，食品不得接触有毒物、不洁物。要建立健全管理制度，严禁有毒物与食物同库存放。

b. 贮存食品要隔墙、离地20cm，注意做到通风、防潮、防虫、防鼠。食堂内必须设置合格的密封熟食间，有条件的单位应设冷藏设备。主副食品、原料、半成品、成品要分开存放。

c. 盛放酱油、盐等副食调料要做到容器物见本色，加盖离地20cm存放，清洁卫生。

d. 禁止用铝制品、非食用性塑料制品盛放熟菜。

C. 制售过程的卫生

a. 制作食品的原料要新鲜、卫生，做到不用、不卖腐败变质的食品，各种食品要烧熟煮透，以免食物中毒的情况发生。

b. 制售过程及刀、墩、案板、盆、碗及其他盛器、筐、水池子、抹布和冰箱等工具要严格做到消毒、生熟分开，售饭菜时要用专用器具夹送直接入口食品。

c. 非经过卫生监督管理部门批准，工地食堂禁止供应生吃凉拌菜，以防止肠道传染疾病。剩饭、菜要回锅彻底加热再食用，一旦发现变质，不得食用。

d. 共用食具要洗净消毒，应有上下水洗手和餐具洗涤设备。

e. 使用的代价券必须每天消毒，防止交叉污染。

f. 盛放丢弃食物的桶（缸）必须有盖，并及时清运。

②炊管人员卫生

A. 凡在岗位上的炊管人员，必须持有所在地区卫生防疫部门办理的健康证和岗位培训合格证，并且每年进行一次体检。

B. 凡患有痢疾、肝炎、伤寒、活动性肺结核、渗出性皮肤病以及其他有碍食品卫生的疾病，不得参加接触直接入口食品的制售及食品洗涤工作。

C. 炊管人员无健康证的不准上岗，否则予以经济处罚，责令关闭食堂，并追究有关领导的责任。

D. 炊管人员操作时必须穿戴好工作服、发帽和口罩，做到"三白"（白衣、白帽、白口罩）；同时，做到文明操作，不赤背，不光脚，禁止随地吐痰。

E. 炊管人员必须做好个人卫生，要坚持做到四勤（勤理发、勤洗澡、勤换衣、勤剪指甲）；工作时间不抽烟。

③集体食堂发放《卫生许可证》验收标准

A. 新建、改建、扩建的集体食堂，在选址和设计时应符合卫生要求，远离有毒有害场所，30m内不得有露天坑式厕所、暴露垃圾堆（站）和粪堆畜圈等污染源。

B. 需有与进餐人数相适应的餐厅、制作间和原料库等辅助用房。餐厅和制作间（含库房）建筑面积比例一般应为1:1.5。其地面和墙裙的建筑材料，要用具有防鼠、防潮和便于洗刷的水泥等。有条件的食堂，制作间灶台及其周围要镶嵌白瓷砖，炉灶应有通风排烟设备。

C. 制作间应分为主食间、副食间、烧火间，有条件的可开设生间、摘菜间、炒菜间、冷荤间、面点间。做到生与熟，原料与成品、半成品，食品与杂物、毒物（亚硝酸盐、农药、化肥等）严格分开。冷荤间应具备"五专"（专人、专室、专容器用具、专消毒、专冷藏）。

D. 主、副食应分开存放。易腐食品应有冷藏设备（冷藏库或冰箱）。

E. 食品加工机械、用具、炊具、容器应有防蝇、防尘设备。用具、容器和食用苫布（棉被）要有生、熟及反、正面标记，防止食品污染。

F. 采购运输要有专用食品容器及专用车。

G. 食堂应有相应的更衣、消毒、盥洗、采光、照明、通风和防蝇、防尘设备，以及通畅的上下水管道。

H. 餐厅应设有洗碗池、残渣桶和洗手设备；下水道铺设防鼠网。

I. 公用餐具应有专用洗刷、消毒和存放设备。

J. 食堂炊管人员（包括合同工、临时工）必须按有关规定进行健康检查和卫生知识培训并取得健康合格证和培训证。

K. 具有健全的卫生管理制度。单位领导要负责食堂管理工作，并将提高食品卫生质量、预防食物中毒，列入岗位责任制的考核评奖条件中。

L. 集体食堂的经常性食品卫生检查工作，各单位要根据《食品卫生法》有关规定和本地颁发的《饮食行业（集体食堂）食品卫生管理标准和要求》及《建筑工地食堂卫生管理标准和要求》，进行管理检查。

④职工饮水卫生规定

施工现场应供应开水，饮水器具要卫生。夏季要确保施工现场的凉开水或清凉饮料供应，暑伏天可增加绿豆汤，防止中暑脱水现象发生。

（4）厕所卫生管理

1）施工现场要按规定设置厕所，厕所的合理设置方案。厕所的设置要离食堂15m以外，屋顶墙壁要严密，门窗齐全有效，便槽内必须铺设瓷砖。

2）厕所要有专人管理，应有化粪池，严禁将粪便直接排入下水道或河流沟渠中，露天粪池必须加盖。

3）厕所定期清扫制度。厕所有专人天天冲洗打扫，做到无积垢、垃圾及明显臭味，并应有洗手装置，工地厕所要有水冲设施，保持厕所清洁卫生。

4）厕所灭蝇蛆措施。厕所按规定采取冲水或加盖措施，定期打药或撒白灰粉消毒，消灭蝇蛆。

17.3.2 临时设施

（1）施工现场应设置办公室、宿舍、食堂、厕所、淋浴间、开水房、民工学校、文体活动室、密闭式垃圾站（或容器）及盥洗设施、消防设施等临时设施。临时设施所用建筑材料应符合环保、消防要求。

（2）办公区和生活区应设围坪隔离，并设立警卫室。

（3）办公室内布局应合理，文件资料宜归类存放，并应保持室内清洁卫生。

（4）宿舍内应设置生活用品专柜，有条件的宿舍宜设置生活用品储藏室。夏季高温时，应有防暑降温设施（风扇、空调等）。

（5）宿舍内应设置鞋柜或鞋架，室外应有垃圾桶，生活区内应提供为作业人员晾晒衣物的场地。

（6）食堂应设置在远离厕所、垃圾站、有毒有害场所等污染源 15m 的地方。

（7）食堂应设置独立的制作间、储藏间，门扇下方应设不低于 0.2m 的防鼠挡板。制作间灶台及其周边应贴瓷砖，所贴瓷砖高度不宜小于 1.5m，地面应做硬化和防滑处理。粮食、蔬菜、烹调用料存放台距墙和地面应大于 0.2m。

（8）食堂应配备必要的排风设施和冷藏设施。

（9）食堂的燃气罐应单独设置存放间，存放间应通风良好并严禁存放其他物品。

（10）食堂制作间的炊具宜存放在封闭的橱柜内，刀、盆、案板等炊具应生熟分开。食品应有遮盖，遮盖物品应有正反面标识。各种佐料和副食应存放在密闭器皿内，并应有标识。

（11）食堂外应设置密闭式泔水桶，并应及时清运。

（12）施工现场应设置水冲式或移动式厕所，厕所地面应硬化，门窗应齐全。蹲位之间宜设置隔板，隔板高度不宜低于 0.9m。

（13）厕所大小应根据作业人员的数量设置。厕所应设专人负责清扫、消毒，化粪池应及时清掏。

（14）淋浴间内应设置满足需要的淋浴喷头，可设置储衣柜或挂衣架。门内应设遮拦板。

（15）盥洗设施应设置满足作业人员的使用的盥洗池，并应使用节水龙头。

（16）生活区应设置专用开水炉、电热水器或饮用水保温桶；施工区应配备流动保温水桶。

（17）民工学校和文体活动室应配备电视机、书报、杂志等文体活动设施、用品。

17.3.3　卫生与防疫

（1）施工现场应设专职或兼职保洁员，负责卫生清扫和保洁。

（2）办公区和生活区应采取灭鼠、蚊、蝇、蟑螂等措施，并应定期投放和喷洒药物。

（3）食堂必须有卫生许可证，炊事人员必须持身体健康证上岗。

（4）炊事人员上岗应穿戴洁净的工作服、工作帽和口罩，并应保持个人卫生。不得穿工作服出食堂，非炊事人员不得随意进入制作间。

（5）食堂的炊具、餐具和公用饮水器具必须清洗消毒。

（6）施工现场应加强食品、原料的进货管理，食堂严禁出售变质食品。

（7）施工现场作业人员发生法定传染病、食物中毒或急性职业中毒时，必须在 2h 内向施工现场所在地建设行政主管部门和卫生防疫部门报告，并应积极配合调查处理。

（8）现场施工人员患有法定传染病时，应及时进行隔离，并报卫生防疫部门进行处置。

17.4　施工现场的治安保卫

（1）施工单位必须建立健全综合治理组织机构、施工现场治安保卫制度和治安防范措施，明确落实治安管理责任人，签订治安管理责任书，责任分解到人。防止发生各类治安案件，加强对工地、财务、库房、办公室、宿舍、食堂等易发案件区域的管理，落实防盗措施。

（2）施工现场应建立务工人员档案，及时办理暂住登记。非本工程施工人员不得擅自在施工现场留宿。

（3）施工现场应建立流动人口计划生育管理制度，开工前应按规定签订计划生育协议。

（4）施工现场生活区内应设置民工学校和职工学习娱乐场所，配备报刊、杂志、电视机等学习、娱乐活动用品。

（5）施工单位应加强对职工法律知识、治安保卫知识的培训教育。施工人员应遵守职业道德和社会公德。严禁赌博、酗酒、盗窃、吸毒、打架斗殴、男女混居和传播淫秽物品等违纪违法行为。对各类违法犯罪行为应当及时制止，并报告公安机关。

（6）施工现场要有安全生产宣传栏、黑板报、生活区内应设置环境卫生宣传标牌。

参 考 文 献

［1］陆荣根．安全员．北京：中国建筑工业出版社，2009

［2］朱汶迁，王云江．市政工程施工安全管理．北京：中国建筑工业出版社，2014

［3］朱海东，汪洋，王云江．市政工程施工安全管理与实务．北京：中国建筑工业出版社，2012

［4］王景春等．土木工程施工安全技术．北京：中国建筑工业出版社，2012